# ESSAI

## SUR

# LA TENUE DES LIVRES

## D'UN MANUFACTURIER,

PAR M.ʳ PAYEN, MANUFACTURIER.

---

PRIX : 3 Fr. 5o C.ᵐᵉˢ

---

# A PARIS,

Chez {
Alex. JOHANNEAU, Libraire, rue du Coq-S.-Honoré, n.º 6;
Antoine BAILLEUL, Imprimeur-Libraire du commerce, rue Sainte-Anne, n.º 71 ;
L'AUTEUR, rue du Doyenné, n.º 3, en face la rue Saint-Thomas-du-Louvre.

ANNÉE 1817.

# Changemens indispensables.

Page 11, à la première colonne, *placez* un trait au dessous de la troisième rangée de chiffres ; le nombre 5,777 au dessous sera l'addition.
—— 30, *au lieu de* Voyez I, *lisez :* page 36.
—— 31, *au lieu de* Voyez K, *lisez :* page 29.
—— 42, *ligne 7, supprimez* valant.
—— 51, *au lieu de* Voyez L, *lisez :* page 76.
—— 64, à l'addition de la quatrième colonne, *au lieu de* 9,730, *lisez :* 9770.
—— 65, colonne à droite, *ligne 4, au lieu de* 6,680, *lisez :* 5,730.
—— 90, 2.ᵉ et 3.ᵉ lignes à droite, *au lieu de* { 715,038 / 696,828 } *lisez :* 715,038 83. / 696,828 94.
et plus bas, 6.ᵉ ligne, *au lieu de* 4,436, *lisez :* 4,436 54.
—— 94, art. Société Laborde, fin du premier alinéa, *ajoutez :* 104,240.
—— 99, aux comptes généraux, *l'accolade* ne doit porter que sur les quatre premiers articles.
——107, *ligne 28,* après les mots : mais cette parité de sommes, *lisez :* équivaut à la parité des différences de E. T. Jones ; mais c'est une espèce de preuve que, etc.

---

Cet Ouvrage se vend à Londres, chez MM. TREUTTEL et WURTZ, booksellers, soho-square.

Il paroîtra incessamment chez les mêmes Libraires une traduction abrégée en anglais du présent Ouvrage, contenant entre autres l'application de la Méthode de E. T. Jones en parties doubles aux comptes simulés de l'ouvrage anglais de *Thomas Dilworth*, intitulé : *The young Book keep'ers assistant*, et de John Maire A. M. d'Édinbourg, intitulé : *Book kœping modernizd.*

Des opérations simulées de ces deux ouvrages ont été faites par la Méthode de Jones en parties doubles appliquées aux comptes généraux ; on a obtenu les résultats absolument semblables à ceux annoncés par leurs auteurs. La méthode qu'ils ont adoptée (et qui paroît le plus en usage en Angleterre) est celle connue sous le nom de *Méthode italienne des débiteurs et des créditeurs,* quelque peu différente de celle usitée en France.

En préférant ainsi des exemples dont les sujets sont déjà connus par un plus grand nombre de lecteurs, c'est abréger pour eux de moitié le travail qu'il y a à faire pour pouvoir comparer la Méthode que l'on propose avec celles qu'ils connoissent déjà.

---

PARIS. De l'Imp. de P. N. Rougeron, Imprimeur de S. A. S. Madame la Duch. Douairière d'Orléans, rue de l'Hirondelle, N. 22.

# PRÉFACE.

Je n'ai d'autre but en publiant cet ouvrage, que de payer à la société la dette que lui doit toute personne qui croit avoir conçu quelque chose d'utile.

L'on m'y a engagé, attendu qu'il n'existoit pas d'ouvrage sur la Tenue des Livres de Manufacture. J'ignore si le fait est exact et si les personnes sont bien informées; mais elles sont d'une profession à être instruites de tout ce qui peut paroître en ce genre de production.

Je me suis donc hasardé de publier cet essai. J'espère que la seule curiosité d'un nouveau genre de production me procurera assez de lecteurs pour me couvrir de mes avances, et que la nouveauté pourra en ce sens suppléer à son mérite. Si personne n'a écrit, c'est que personne n'a voulu s'en donner la peine ou n'y a pensé. Ce travail n'aura peut-être pas été jugé d'une assez grande utilité; et au fait l'utilité n'en est pas aussi générale que celle des livres du commerce : chaque Manufacturier se rend assez bien compte à lui-même de ses opérations, dont le plus difficile ne regarde que lui, il ne doit de compte qu'à lui seul, tandis que le négociant a mille comptes à rendre aux autres, lesquels doivent se balancer juste avec ceux qu'il se rend à lui-même. C'est ce qui rend utile et nécessaire la méthode des parties doubles, dont la pratique alors est plus difficile, parce qu'elle embrasse beaucoup de spéculations, tandis que le Manufacturier n'en a qu'une seule.

A

# ESSAI

## SUR

## LA TENUE DES LIVRES

### D'UN MANUFACTURIER.

***

### DIVISION DE L'OUVRAGE.

Je décris pour exemple trois espèces d'entreprises.

La première, la plus simple, est celle d'un fabricant qui donne tout à faire à façon et n'a aucun détail de fabrique, et a un entrepreneur de constructions qui se charge de tout faire faire, en fournissant les mémoires des ouvriers constructeurs.

La deuxième, celle d'une manufacture où il n'y a qu'un seul produit et une seule chaudière et un seul fourneau.

La troisième, celle d'un manufacturier qui a deux produits principaux, un résidu vendable, qui a trois fourneaux, qui construit un hangard pour atelier et qui fait travailler des ouvriers et entrepreneurs de tout genre.

| | | |
|---|---|---|
| Exemple d'une première espèce d'entreprise.. | Compte en argent. | Main courante.<br>Journal.<br>Grand livre. |
| | Compte en nature. | Main courante.<br>Journal.<br>Grand livre et ses bilans. |
| Exemple d'une deuxième espèce d'entreprise. | Comptabilité en argent. | Main courante.<br>Journal.<br>Grand livre et ses bilans. |
| | Comptabilité en nature. | Main courante.<br>Journal.<br>Grand livre et ses bilans. |

A 2

( 4 )

Exemple d'une troisième espèce d'entreprise.

Comptabilité en argent. { Bilan d'entrée.

Comptabilité en nature. { Main courante. / Journal. / Grand livre et ses bilans.

Comptabilité en matière. { Main courante. / Journal. / Grand livre et ses bilans.

## DES TROIS COMPTABILITÉS EN MANUFACTURE.

Dans une Manufacture je distingue trois sortes de Comptabilités, pour lesquelles il faut supposer trois Comptables.

    Savoir : celle . . . . . . . en argent,
            celle . . . . . . . en nature,
      et celle . . . . . . . en matière.

*La comptabilité en argent* comprend les achats, les dépenses, la vente et recette ; elle comprend les comptes personnels et généraux, comme dans la Tenue des Livres de Commerce.

C'est le même compte que se rend un négociant dans le commerce, celui sur lequel M. Jones a proposé l'idée simple et neuve de réduire tout aux deux colonnes d'actif et de passif. J'ai suivi cette marche pour le premier et deuxième exemple de manufacture seulement; mais je m'en suis dispensé pour le troisième, pour lequel je n'ai point établi de compte en argent.

J'ai pensé que mes lecteurs seroient assez au courant de la connoissance de la Tenue des Livres de Commerce pour suppléer à cette omission.

Son journal se balance par sommes égales ( *Voyez* A ); elle passe le débit et le crédit de l'entreprise à la deuxième comptabilité , pour en obtenir le prix revenant des produits à la livre ; elle fait une addition à son journal (*Voy.* B); fait reparoître en masse la somme du prix coûtant au crédit de son magasin; elle réunit en masse le débit des acheteurs et l'évaluation des produits invendus; la différence détermine le bénéfice ou la perte de la gestion dont on arrête le compte.

( 5 )

Son grand livre se balance par deux sommes égales (*Voyes* C); et le compte ouvert de l'entreprise indique à son débit la dépense dont elle est chargée de rendre compte , et à son crédit la recette qu'elle doit employer pour démontrer le bénéfice ou la perte.

Le bilan ou la balance du compte présente en ce moment un actif plus foible que le passif; il reste en suspens jusqu'à ce que l'entreprise ayant rendu son compte, il y ait lieu de rétablir à l'actif la partie inventoriable, ce qui complète alors le bilan et y fait retrouver, soit le bénéfice , soit la perte en somme égale à celle trouvée par la clôture du journal.

*La deuxième comptabilité*, celle en nature, se compose par le dépouillement que l'on fait des mémoires des fournisseurs et entrepreneurs. Elle a pour but de désigner : 1.° l'emploi de chaque matière, de chaque substance, de chaque main d'œuvre : 2.° ce qui a été appliqué à chaque produit, ainsi qu'aux constructions d'ateliers, fourneaux , ustensiles ou machines, ce que je désigne sous le mot consommation : 3.° de fixer le prix revenant de chacun de ces objets: 4.° ce qui peut en rester inventoriable, de manière à ce que le tout réuni fasse une valeur égale à la somme des dépenses faites pour l'entreprise et dont elle est comptable par son débit au grand livre des comptes en argent.

Ce même compte doit contenir aussi la valeur du prix coûtant et la quotité des produits, ainsi que la valeur du prix revenant à la livre de chaque objet fabriqué :

Ainsi soit la dépense faite de. . . . . . . . . . . . . . 100 liv.
  Il y en a d'inventoriables estimés. . . . . . . 60
  Il y en a de consommés. . . . . . . . . . . . 40
  Donc le produit a coûté 40 liv.
  Si le produit pèse 80 liv.
  Il revient à 10 s. la livre.

La consommation est applicable au 1.er produit pour. . . . . . 30
      au 2.me produit pour. . . . . . 10
Si c'est une main d'œuvre , supposons-la de 90 liv.
Il y a applicable aux bâtimens. . . . . . . . . . . . . . . . 25
  aux ustensiles. . . . . . . . . . . . . . . . 55
  aux fourneaux. . . . . . . . . . . . . . . . 30

( 6 )

Le mémoire d'un fournisseur est composé en nombre, poids ou mesure.
Supposons de 150 parties de marchandise.

Il y en a d'employé aux objets fabriqués ou construits 95 liv.

Il en reste en nature..........................55 liv.

Tel est le but du 2.me compte en nature.

Cette comptabilité a besoin elle-même de celle des matières que rend
le chef d'atelier pour connoître les quantités employées, et les produits
qui en sont résultés.

La main courante désigne l'entrée et la sortie de matières et les notes
relatives à toute espèce de convention et aux constructions, et leur
date. (*Voy.* D.).

Son journal contient les divisions de la dépense en objets consommés,
en objets inventoriables, ainsi que la distinction de la recette en ses
divers produits vendus ou supposés tels.

Son grand livre contient le rapprochement, sous une même dénomination, des articles ainsi subdivisés au journal, et balancés par sommes
égales.

Les différens bilans sont les relevés des principaux articles des comptes
du grand livre, et réunis dans divers tableaux.

*La troisième comptabilité* est celle des matières, leur mouvement dans
l'atelier et leurs divers produits principaux ou intermédiaires ; elle
détermine ; 1.º les quantités de matières qui ont servi à la fabrication et
consommées sur celles que l'entreprise a eues à sa disposition : 2.º les
quantités des produits obtenus et leur diverses espèces.

C'est une méthode également à partie double par laquelle je conçois
que l'artiste pourroit aussi avoir son brouillard ou main courante, son
journal et son grand livre, pour s'aider à se rendre compte à lui-même
de l'opération, et donner son brouillard au teneur de livres pour le
mettre en ordre, le classer, et connoître d'un coup-d'œil qu'une matière première lui a donné tant de substance de première transforma-
tion, tant de deuxième, et tant de produits réalisés vendables. S'il y
a des variations dans le terme moyen auquel il s'est fixé pour chacun
de ses rendemens, il recourt à ses opérations ou aux autres causes qui
peuvent avoir altéré ses produits ou les avoir augmentés ; il en tient
note pour lui servir à perfectionner les opérations subséquentes, ou
les maintenir dans les procédés qui lui ont donné les meilleurs résultats.

Sa main courante se compose des matières consommées journelle-
ment, des produits ou des diverses transformations préliminaires qu'elles
subissent, d'où résulte après leur addition une table de comparaison
entre les matières et les produits, en prenant pour base d'une proportion au quintal les substances dont on veut déterminer les rapports
avec les autres ( *Voy.* E).

Son journal contient un nombre de débiteurs limité suivant les sub-
divisions du travail et les diverses opérations que l'on juge important de
constater à cause des produits intermédiaires qui en résultent ( *Voy.* F).

Son grand livre, n'étant qu'une répétition des deux autres, est peut-
être moins nécessaire à tenir; néanmoins il a l'avantage de représenter
les objets sous un même point de vue par ordre de matières ( *Voy.* G).

Le troisième comptable rend compte des quotités des matières premières qu'il a employées.

Le deuxième comptable se sert de ces données pour faire partie de
sa comptabilité, et il transmet au premier comptable la partie inventoriable, et alors il confronte sa balance de bénéfice avec la sienne.

Ces trois comptes se soldent donc ensemble ; il faut que les deux
derniers soient rendus pour que le preneur fasse ou termine sa clôture.

Ainsi, le premier comptable transmet aux deux autres les élémens
pour établir leur compte, et il reçoit du deuxième les élémens pour
terminer le sien : et le deuxième reçoit également du troisième les
documens pour opérer sa liquidation.

---

*EXEMPLE des Livres d'un Entrepreneur qui fait tout faire
à façon.*

### BILAN D'ENTRÉE.

Capital.

Il n'y a pas lieu à en établir, parce qu'il n'y a aucune somme
déboursée, et il n'y en aura aucune de reçue pour simplifier
cet exemple.

### MAIN COURANTE.

L'entrepreneur se propose d'établir trois voitures, savoir :
un carosse, un cabriolet, une charette.

| | | | |
|---|---|---|---|
| JANVIER. | Le menuisier a fourni son mémoire montant à | | 407 |
| | Le serrurier, | *idem.* | 875 |
| | Le marchand de bois, | *id.* | 972 |
| | Le charron, | *id.* | 645 |
| | Le sellier, | *id.* | 190 |
| | Le peintre, | *id.* | 575 |
| | | | 5,664 |

Ils ont consenti à faire crédit jusqu'à ce que les voitures fussent vendues.

| | | |
|---|---|---|
| AVRIL. | On a vendu à Alphonse la voiture au prix de | 2,045 |
| | On a vendu le cabriolet à Barthélemy, | 1,095 |
| | On a vendu la charette à Curandier, | 657 |
| | | 5.777 |

On a reçu le prix des voitures.
On a payé les fournisseurs.

## JOURNAL DES COMPTES EN ARGENT.

| | *Doit* | | *Avoir.* | *Prof.* | *Pert.* |
|---|---|---|---|---|---|
| | | Le menuisier, | 407 | | |
| | | Le serrurier, | 875 | | |
| L'entreprise est comptable de | 5,664 | Le m.ᵈ de bois, | 972 | | |
| | | Le charron, | 645 | | |
| | | Le sellier, | 190 | | |
| | | Le peintre, | 575 | | |
| | 5,664 | | 5,664 | | |
| Magasin a reçu trois voitures | 5,664 | L'entreprise est déchargée du compte. | 5,664 | | |
| Alphonse, acquéreur du carosse, | 2,045 | Magas. est quitte p. carosse 1,975 | | 70 | |
| Barthélemy, acquéreur du cabriolet, | 1,095 | Magasin p. cabriolet 1,177 | 5,664 | | 82 |
| Curandier, acquéreur de la charrette, | 657 | Magasin p. charrette. 512 | | 125 | |
| | | | | 195 | 82 |
| | | | | Caisse, | |

|  | Doit. |  | Avoir. | Prof. | Perte. |
|---|---|---|---|---|---|
| Caisse, | 3,777 | Alphonse, Barthélemy, Curandier, | 3,777 |  |  |
| Les six fournisseurs, | 3,664 | Caisse, | 3,664 |  |  |
|  | 18,546 |  | 18,433 | 195 | 82 |

---

# JOURNAL EN NATURE

## *De l'établissement d'un Carosse, d'un Cabriolet et d'une Charrette.*

### DÉPOUILLEMENT DES MÉMOIRES.

| JANVIER. | | | |
|---|---|---|---|
| Carosse, | 305 | Le menuis, son mémoire contient 305 l. p. le carosse et 102 pour le cabriolet. | 407 |
| Cabriolet, | 102 | | |
| Carosse, | 475 | Le serrurier, | 875 |
| Cabriolet, | 400 | | |
| Carosse, | 440 | Le marchand de bois, | 972 |
| Cabriolet, | 310 | | |
| Charrette, | 222 | | |
| Carosse y entre pour | 540 | Le charron, son mémoire, | 645 |
| Cabriolet, | 100 | | |
| Charrette, | 205 | | |
| Carosse, | 70 | Le sellier, | 190 |
| Cabriolet, | 65 | | |
| Charrette, | 55 | | |
| Carosse, | 345 | Le peintre, | 575 |
| Cabriolet, | 200 | | |
| Charrette, | 30 | | |
| | 3,664 | | 3,664 |

B

| | | | | | |
|---|---|---|---|---|---|
| | Rapport. . . . . 3664 | | | | 3664 |

MARS. — Magasin du fab. { Cabriolet revient à 1,177 / Carosse, 1,975 / Charrette, 512 — L'entreprise est déchargée de la comptabilité par la mise au magasin, 3,664

|  | 7,328 | | | | 7,328 |

## GRAND LIVRE.

| | DOIT. | | AVOIR. |
|---|---|---|---|
| Menuisier, | | Son mémoire, | 407 |
| Serrurier, | | Son mémoire | 875 |
| Marchand de bois, | | Son mémoire, | 972 |
| Charron, | | Son mémoire, | 645 |
| Sellier, | | Son mémoire, | 190 |
| Peintre, | | Son mémoire, | 575 |
| Les trois acquéreurs, | | | |
| Barthélemy, 1,0.5 / Curandier, 637 / Alphonse, 2,045 | 3,777 | | 3,664 |
| Carosse, | 1,975 | Sortie, | 1,975 |
| Cabriolet, | 1,177 | | 1,177 |
| Charrette, | 512 | | 512 |
| | 7,441 | | 7,328 |
| | 7.528 | | |
| Bénéfice, | 113 | | |

## BILAN DE SORTIE.      BALANCES DES COMPTES.

| *Doit.* | | *Avoir.* |
|---|---|---|
| | Menuisier, | 407 |
| | Serrurier, | 875 |
| | Marchand de bois, | 972 |
| | Charron, | 645 |
| | Sellier, | 195 |
| | Peintre, | 575 |
| | | 3,664 |
| Acquéreur du carosse, Alphonse, | 2,045 | |
| Acquéreur du cabriolet, Barthélemy, | 1,095 | |
| Acquéreur de la charrette, Curandier, | 637 | |
| | 3,777 | |
| | 3,664 | |
| Capital nouveau, | 113 | Balance, 113 |
| | | 5,777 |

On voit que le journal en argent au moment de la suspension ne présente que deux sommes égales à l'actif comme au passif, de 3,664 ; c'est alors que l'entreprise rend son compte d'après les sommes dont elle est comptable à son débit, et celles qui viennent à sa décharge dans son crédit, quand les ventes ont été effectuées en tout ou en partie. Ici l'on suppose, pour plus de clarté, qu'il n'y en ait eu aucune effectuée avant une même époque du 1.<sup>er</sup> avril. Après son compte rendu, l'entreprise se trouve déchargée de la comptabilité de la somme de 3,664 liv., par la mise en magasin de son ouvrage, composé de trois voitures qui ont coûté 1,975

1,177  
512  
————  
3,664

C'est là que se termine le compte en nature.

On vient à vendre la marchandise fabriquée, l'action se transcrit sur la main courante et de là sur le journal ; c'est alors que le journal se met au complet, en y ajoutant la vente effectuée. On reporte sur ce journal en argent l'emmagasinage des produits fournis par l'entreprise, qui est quitte de sa comptabilité.

Le magasin de commerce est lui-même libéré par la vente faite aux

B 2

acquéreurs, alors on reporte le bénéfice ou la perte aux petites colonnes. Les acquéreurs sont ensuite libérés par le paiement qu'ils font à la caisse, et la caisse est elle-même libérée en partie par le paiement fait aux fournisseurs qui ont consenti le crédit, le bénéfice reste en caisse.

Ainsi l'entreprise est le premier débiteur, le magasin est le deuxième, les acquéreurs sont le troisième, la caisse est le quatrième, et les fournisseurs sont le cinquième débiteur ( *Voy*. F. ).

Le bénéfice résultant du bilan prend alors le nom de capital nouveau, qui tous les ans se joint à celui qui l'a précédé.

---

*EXEMPLE d'une deuxième espèce d'entreprise.*

Comptes simulés d'une fabrique de colle forte, contenant :
La main courante.
Le Journal des comptes en argent, et celui des comptes en nature.
Le Grand Livre des comptes en argent, et celui des comptes en nature.
Le Compte de fabrication et le prix revenant.
L'inventaire et le Bilan.

### *Main courante.*

JANVIER.     Roger, tanneur, a fourni son mémoire de 25,800 liv.
en poids de peaux de tannerie montant à     . . . . . 12,900
Roussel, mégissier, a fourni son mémoire de 2,600 l.
pesant de colle de peaux, montant en argent à. . . 1,300
M. Leroy, commissionnaire, a avancé en espèces.  2,800
M. Houel, entrepreneur, a fourni le mémoire de
constructions de fourneaux, montant à. . . . . . . 1,000

| Savoir : | | |
|---|---|---|
| Serrurerie. | . . . | 150 |
| Maçonnerie.. | . . | 155 |
| Briques. | . . . . | 200 |
| Plâtre. | . . . : . | 150 |
| Plomb. | . . . . | 195 |
| Moëllon. | . . . . | 150 |
| | | 1,000 |

| | |
|---|---|
| MARS. | Le gérant a donné l'état de ses frais ; montant à 300 liv., qui lui ont été payés, ci. . . . . . . . . 300 |
| | Souscrit à M. Roger, tanneur, un billet à ordre de 5,000 liv. payable au 1.er juin, et un autre de 2,000 liv. payable au 1.er juillet, ci. . . . . . . . . . . . 7,000 |
| | Payé à M. Roussel 700 liv., ci. . . . . . . . 700 |
| | Payé à M. Mistral, chaudronnier, 3,000 liv. ; le caissier à fait les avances en partie, ci. . . . . . 3,000 |
| | M. Desvignes a fourni son mémoire de 50 voies de charbon de terre à 60 liv., montant à. . . . . . 3,000 |
| | Le rôle des journées d'ouvriers, payé dans le courant du trimestre, se monte à . . . . . . . . 2,000 |
| | M. Mistral a fourni son mémoire, composé d'une chaudière en cuivre, montant à. . . . . 3,000 |
| | Plusieurs robinets, montant à. . . . . 2,000 |
| | Et de menues réparations, montant, à. . 500 |

5,500, ci 5,500

| | |
|---|---|
| 1.er JUILLET. | On a signé le bail à loyer de la maison, moyennant 1000 liv. par an, dont il est dû pour six mois 500 liv., ci. . . . . . . . . . . . . . . 500 |
| | On est convenu avec M. Leroy, commissionnaire, ainsi qu'avec différens fournisseurs, qu'ils ne seroient payés qu'après les ventes effectuées ; et les escomptes dont on est convenu avec eux à forfait se montent à 300 liv., ci. . . . . . . . . . . . . . . 300 |
| | On a envoyé à M. Leroy à diverses époques, savoir : Une première fois. . . . . . . . . 6 barils, La seconde fois. . . . . . . . . . 10 barils, Et une troisième fois. . . . . . . 3 barils, Dont il remettra facture après les ventes effectuées. |
| | On a envoyé à M. Guérin, commissionnaire, à Yvetot, 5 barils, colle forte. |
| | On a souscrit à M. Desvignes un effet de 3,000 liv. ci. 3,000 |
| | Leroy a remis un effet de 2,000 liv., ci . . . . 2,000 |
| | Et un autre de 6,000 liv., ci. . . . . . . . . 6,000 |

On a remis à M. Mistral un effet de 2,000 liv. de Leroy, ci. . . . . . . . . . . . . . . . . . . . . . . . . 2,000

Guérin a envoyé son compte de vente de colle forte, montant à 457 liv., ci. . . . . . . . . . . 457

Guérin a envoyé le compte de vente d'un autre baril, montant à 294 liv., ci. . . . . . . . . . . 294

On a remis à M. Jean-Jacquet deux traites sur M. Guérin, montant à 457 liv., dont il remettra les valeurs, ci. . . . . . . . . . . . . . . . . . . . . . . 457

On a remis de même à M. Jean - Jacquet la deuxième traite de M. Guérin, de 294 liv., ci. . . 294

Il en a payé la valeur sans retenue d'escompte. . . 294

Payé à Houel 100 liv. à compte, ci. . . . . . . 100

Leroy a fourni son compte de vente de 19 barils de colle qu'il a reçus ; le produit net se monte à 18,948 liv., ci. . . . . . . . . . . . . . . . . . . 18,948

Il y a payé en espèces le solde de 8,148 liv., ci. . 8,148

---

## JOURNAL DES COMPTES EN ARGENT.

| | Doit. | | Avoir. |
|---|---|---|---|
| Entreprise, | 14,200 | Roger, tanneur, son mémoire, | 12,900 |
| | | Roussel, mégissier, | 1,300 |
| Caisse, | 2,800 | Leroy, commissionnaire, a avancé en espèces, | 2,800 |
| Entreprise, | 1,000 | Houel, | 1,000 |
| Entreprise, | 500 | Gérant, frais, | 300 |
| Gérant a reçu, | 500 | Caisse, frais divers, | 300 |
| Roger, tanneur, | 7,000 | Lettres et billets, {5,000}{2,000} | 7,000 |
| Roussel, espèces, | 700 | Caisse à Roussel, | 700 |
| Mistral, chaudronnier, {1,000}{2,000} | 3,000 | Caisse, chaudronnier, | 3,000 |
| | 29,300 | | 29,300 |

| Doit. | | Avoir. | |
|---|---|---|---|
| D'autre part. . . | 29,300 | | 29,300 |
| L'entreprise, | 3,000 | Desvignes, son mémoire, | 3,000 |
| L'entreprise doit compte de | 2,000 | Ouvriers, | 2,000 |
| Ouvriers ont reçu, | 2,000 | Caisse, | 2,000 |
| Entreprise doit compte, | 5,000 | Mistral, chaudronnier, | 5,000 |
| Entreprise, | 500 | Mistral, pour raccommod. | 500 |
| L'entreprise, | 500 | Propriét.re (loyers), crédit, | 500 |
| | | Créditeurs, pour intérêts | |
| L'entreprise, | 300 | de retards, | 300 |
| Leroy, commis., 6 barils. | | Entreprise, 6 barils. | |
| Leroy, 10 barils. | | Entreprise, 10 barils. | |
| Leroy, 3 barils. | | Entreprise, 3 barils. | |
| Guérin, 5 barils. | | Entreprise, 5 barils. | |
| | | Payeurs des lettres et | |
| Desvignes, | 3,000 | billets, | 3,000 |
| Porte-feuille, | 8,000 | Leroy, ses effets, | 8,000 |
| Mistral, effet, | 2,000 | Porte-feuille, | 2,000 |
| Guérin, commissionaire, | | Magasin de marchandises | |
| n.º 137 net, vendu, | 457 | fabriquées de l'entreprise, | 457 |
| Guérin, vente d'un baril, | | Magasin de marchandises | |
| 128 net, facture de vente. | 294 | fabriquées de l'entreprise, | 294 |
| Jean - Jacquet a pris au | | | |
| pair les deux traites, | 457 | Guérin, 2 traites, | 457 |
| Jean - Jacquet a pris au | | | |
| pair la deuxième traite, | 294 | Guérin, ladite traite, | 294 |
| Caisse a reçu de Jean- | | | |
| Jacquet, | 294 | Jean-Jacquet, | 294 |
| Houel doit | 100 | Caisse a payé à Houel, | 100 |
| | | Magasin de marchandises | |
| Leroy, son compte de | | fabriquées de l'entreprise, | |
| vente de 19 barils net, | 18,948 | 19 barils, | 18,948 |
| Caisse, espèces Leroy, | 8,148 | Leroy a remis en espèces, | 8,148 |
| | 84,592 | | 84,592 |

*Complément du Journal en argent d'après la réddition du compte en nature.*

| | | | Prof. | Pert. |
|---|---|---|---|---|
| Magasin de commerce, 24 barils, 17,000 | L'entreprise, montant du prix coûtant des 20,000 colle, 17,000 | | | |
| Leroy, 19 bar., fact., 18,948 | Magasin de commerce { 22 barils sont entrés pour 16,734 | | | |
| Guérin, 3 barils, 751 | Deux barils invendus ont coûté, 266 | | | |
| Guérin, 2 barils, 312 | | | | |
| 37,011 | 34,000 | 3,011 | | |

Ce journal est fait sur le modèle de celui de Jones, page 42 de la 2.ᵉ édition.

## GRAND LIVRE DU COMPTE EN ARGENT.

|  | *Doit.* |  | *Avoir.* |
|---|---|---|---|
| **Roger, tanneur.** | | | |
| Nos effets, | 5,000 | Ses cinq factures ; | 10,900 |
| *Idem*, notre acceptation, | 2,000 | La sixième facture restante, | 2,000 |
| | 7,000 | | 12,900 |
| **Roussel.** | | | |
| Espèces, | 700 | La première facture, | 1,100 |
| | | Deuxième facture, | 200 |
| | 700 | | 1,500 |
| **Ouvriers.** | | | |
| Paiemens, | 2,000 | Leurs six quinzaines et demie, | 2,000 |
| **Mistral, chaudronnier.** | | | |
| Espèces, | 3,000 | Son mémoire de chaudière, écumoire, façon, étain, robinet, | 3,000 |
| Effets Leroy, | 2,000 | *Idem*, | 2,000 |
| | | Son troisième mémoire, | 500 |
| | 5,000 | | 5,500 |
| | | **Créditeurs.** | |

| | Doit. | | Avoir. |
|---|---|---|---|
| **CRÉDITEURS.** | | Pour retard convenu de leurs avances, | 500 |
| **LE PROPRIÉTAIRE.** | | Loyers, | 500 |
| **LE GÉRANT.** | | Pelles, | |
| Reçu du caissier pour frais, | 300 | Aréomètre, etc. | |
| | | Robinet de hasard, | |
| | | Ecumoire, *id.* | 300 |
| | | Merlin, | |
| | | Voiturier Vidal, | |
| **PAYEUR DE LETTRES ET BILLETS.** | | Mon effet à Roger, | 5,000 |
| | | *Idem*, à Roger, | 2,000 |
| | | Desvignes, | 3,000 |
| | | | 10,000 |
| **CAISSIER.** | | Payé à Houel, | 100 |
| Espèces Leroy, {2,800 / 8,148} | 10,948 | Espèces à Roussel, | 700 |
| Espèces Jean-Jacquet, | 294 | Frais divers au gérant, | 300 |
| | | Ouvriers, | 2,000 |
| | | Chaudronnier Mistral, | 3,000 |
| | 11,242 | | 6,100 |
| **DESVIGNES.** | | Soixante voies de charbon | |
| Mon effet, | 3,000 | à 50 liv. | 3,000 |
| **PORTE-FEUILLE.** | | Remis au chaudronnier, effet, | 2,000 |
| Effets Leroy, 2,000 } Effets Leroy, 6,000 } | 8,000 | | |
| **GUÉRIN.** | | | |
| A lui envoyé, 5 barils. | | | |
| Vente du n.º | 457 | Deux traites sur lui {228 50 / 228 50} | 457 |
| Vente nette de commission du n.º 128, | 294 | Traites sur lui, | 294 |
| | 751 | | 751 |

C

|  | **Doit.** |  | **Avoir·** |
|---|---|---|---|
| **JEAN-JACQUET.** | | | |
| Deux traites Guérin, | 457 | Par lui remboursée ladite | |
| Une traite, *idem ;* | 294 | traite, | 294 |
|  | 751 |  | 294 |
| **LEROY, commissionnaire.** | | | |
| Par son compte de vente, | 18,948 | Espèces, 2,800 | |
|  |  | Espèces, 8,148 | 10,948 |
|  |  | Effets, deux, 2,000 / 6,000 | 8,001 |
|  | 18,948 |  | 18,948 |
| **HOUEL, entrepreneur.** | | | |
| Doit à la caisse, | 100 | Sa facture comprenant celle | |
|  |  | de cinq autres créditeurs, | 1,000 |
|  | 100 |  | 1,000 |
| *L'entreprise de Fabrication.* | | | |
| Entrepreneurs, | 1,000 | A employer à la décharge de | |
| Matières premières, | 14,200 | son compte en argent : | |
| Ustensiles, | 5,000 | Le produit de la vente de | |
| Charbon, | 3,000 | Leroy, | 18,948 |
| Intérêts, | 300 | L'entreprise a envoyé le pro- | |
| Ouvriers, | 2,000 | duit de la vente Guérin, | |
| Menus ustensiles, | 300 | 457 | |
| Loyers, | 500 | 294 | 751 |
| Racommod. de chaudières, | 400 | Produit des 22 barils colle, | 19,699 |
| Racommod. d'ustensiles, | 100 | La valeur de deux barils in- | |
|  |  | vendus. | 312 |
|  | 26,800 |  | 20,011 |

| **MAGASIN** | | | |
|---|---|---|---|
| Des marchandises du commerce. | | Envoyé | 6 barils à Leroy, |
|  |  |  | 13 barils à Leroy, |
|  |  |  | 3 barils à Guérin, |
|  |  |  | 2 barils à Guérin, |
|  |  |  | 24 barils. |
| A reçu 24 barils de colle forte. | | Vendu | 22 |
|  |  | Reste à vendre | 2 bar. chez Guérin. |

### *Relevé des Débits et Crédits du Grand Livre.*

| | DOIT. | AVOIR. |
|---|---|---|
| Roger, tanneur, | 7,000 | 12,900 |
| Roussel, | 700 | 1,300 |
| Ouvriers, | 2,000 | 2,000 |
| Mistral, | 5,000 | 5,500 |
| Créditeurs, | | 300 |
| Payen, propriétaire, | | 500 |
| Le gérant, | 300 | 300 |
| Payeur de contrats, lettres et billets | | 10,000 |
| Caisse, | 11,242 | 6,100 |
| Desvignes, | 3,000 | 3,000 |
| Porte-feuille, | 8,000 | 2,000 |
| Guérin, | 751 | 751 |
| Jean-Jacquet, | 751 | 294 |
| Leroy, | 18,948 | 18,948 |
| Houel, | 100 | 1,000 |
| Entreprise, fabrication, | 26,800 | 19,699 |
| | 84,592 | 84,592 |

Les comptes du grand livre se balancent par deux sommes égales avec celles du journal au moment de la suspension. Mais quand le compte de l'entreprise est rendu, et que le résultat en est porté à la suite du journal, le bénéfice se trouve être le même dans le bilan des balances du grand livre, ainsi qu'il est établi ci-après. Une chose qui est donc à noter comme une preuve, sinon rigoureuse, au moins des plus exactes, c'est que l'addition des débits et crédits doit produire la même somme au grand livre que celles existantes audit journal; et la nécessité d'obtenir des sommes pareilles fait retrouver bien des erreurs avant la clôture du grand livre.

*Nota.* Cette identité des débits et crédits du journal, comparés à ceux du grand livre ou leurs balances égales, (*Voyez* G.) établit le mérite du système de M. Jones, (*Voyez* pag. 22 de la 2.<sup>e</sup> édition dont l'alinéa commence par ces mots : *Les principes de cette méthode*, etc.) Au moins le grand livre ne sert-il pas de preuve à lui-même, comme dans les anciennes méthodes à partie double, (c'est-à-dire, antérieures à 1803, époque où a paru le système de M. Jones). On peut donc s'appuyer de la ressemblance du journal avec le grand livre pour prononcer qu'il y a lieu de croire que ce dernier est la copie exacte du journal ; car cette ressemblance ne prouveroit pas encore qu'il n'y ait eu aucune erreur de transposition, c'est ce qui a donné lieu à M. Jones de conseiller des lettres initiales en tête de chaque compte.

*Bilan ou Balances des Comptes du Grand Livre dans leur ordre.*

|  | DOIT. | AVOIR. |
|---|---|---|
| Leroy, mégissier, | | 5,900 |
| Roussel, à lui dû, | | 600 |
| Ouvriers, | | |
| Chaudronnier Mistral, | | 500 |
| Créditeurs, il leur est dû, | | 300 |
| Propriétaire, à lui dû, | | 500 |
| Gérant, | | |
| Lettres et billets à payer, | | 10,000 |
| Caisse, | 5,142 | |
| Desvignes soldé, | | |
| Porte-feuille, | 6,000 | |
| Guérin ne doit rien, | | |
| Leroy ne doit rien, | | |
| Jean-Jacquet doit, | 457 | |
| Louet, il lui est dû, | | 900 |
| | 11,599 | 18,700 |

*Addition au Bilan, d'après la reddition du compte en nature.*

|  |  |  |
|---|---|---|
| *Doit l'entrep. à nouveau.* | Magasin de commerce, | 512 |
| | Fourneaux, | 900 |
| | Ustensiles, | 4,500 |
| | Charbon, | 2,000 |
| | Menus objets, | 200 |
| | Matières, | 2,200 |
| | Actif, | 21,711 |
| | Passif, | 18,700 |

Bénéfice (résultant de la ba-   3,011   ci.   3,011
lance du compte du grand
livre, égal à celui trouvé                 21,711
par le compte des ma-
tières premières fabri-
quées, rendu par l'en-
treprise).

*Journal des Comptes en nature des ateliers de fabrique pour là Comptabilité du crédit de l'entreprise.*

| | | | | | |
|---|---|---|---|---|---|
| A. | Magasin de matières, 28,400 liv. à 5o fr. | 14,200 | | L'entreprise, | 14,200 |
| B. | L'atelier du fabricant chargé de<br>Il a fabriqué 24 barils. | 12,000 | | Magasin, 24,4oo liv., sortie, | 12,000 |
| D. | Magasin de marchandises fabriquées, doit compte de 24 barils de colle forte, pesant 20,000. | | B. | Atelier de fabrication est libéré par l'envoi de 24 barils de colle. | |
| E. | Dépôt Leroy, doit compte 6 barils. | | D. | Magasin de marchandises fabriquées, env. 6 bar. à M. Leroy. | |
| E. | Dépôt Leroy, doit compte 13 barils. | | D. | Magas. de marchandises fabr. 13 bar. à Leroy. | |
| E. | Guérin, commissionnaire, 5 barils. | | D. | Magas. de marchandises fabr. 5 bar. à Guérin. | |
| | 24 barils. | | | 24 | |

*Voyez* la suite, pag. 16, ajoutée au Journal du compte en argent.

---

*Journal des Comptes en nature de la gestion des ateliers, pour Comptabilité du débit de l'entreprise.*

| | | | |
|---|---|---|---|
| Atelier ( le gérant ), | 14,200 | Entreprise, matière première, | 14,200 |
| Prix coûtant, | 12,000 | Atelier (le gérant), consommation, | 12,000 |
| Entreprise à nouveau, | 2,200 | reste en nature, | 2,200 |
| Les ateliers ( le gérant ), | 5o | Entrepr., mém. du serrurier, | 5o |
| Au fourneau, | 5o | Atelier, | 5o |
| Atelier, | 15o | Entreprise, maçon, | 15o |
| Fourneau, | 15o | Atelier, | 15o |

| | |
|---|---|
| Atelier comptable des dépenses, 200 | Entreprise, briques ;  200 |
| Fourneau ,  200 | Atelier, employ. au fourneau ,  200 |
| Atelier compt. des dépenses,  5o | Entreprise , plâtre ,  5o |
| Fourneau ,  5o | Atelier, employ. au fourneau ,  5o |
| Atelier compt. des dépenses,  75 | Entreprise, plomb ,  75 |
| Fourneau ,  75 | Atelier, employ. au fourneau ,  75 |
| Atelier compt. des dépenses pour moëllon,  25 | Entreprise, moëllon ,  25 |
| Fourneau ,  25 | Atelier, employ. au fourneau,  25 |
| Atelier compt. des dépenses, 2,000 | Entreprise, ouvriers,  2,000 |
| Au produit , prix coûtant,  2,000 | Atelier , journées employées , premier produit ,  2,000 |
| Atelier compt. des dépenses pour chaudière,  4,9oo | Entreprise ,  4,9oo |
| L'entreprise à nouveau ,  4,100 | Atelier , 2 chaudières évaluées ;  4,100 |
| Le prix coûtant,  8oo | user , à  8oo |
| Atelier compt. des dépenses,  5oo pour les ustensiles ,  100 | Entreprise , ustensiles ;  6oo |
| L'entreprise à nouveau ,  400 | Atelier, 2 écumoires, 4 tuyaux, 5oo |
| Le prix coûtant ,  200 | user , déchet ,  100 |
| Atelier compt. des dépenses pour les charbons de terre, 3,000 | Entreprise, charbon de terre, 3,000 |
| Prix coûtant,  1,000 | Atelier , { Consom., 1,000 } { Reste , 2,000 } 3,000 |
| L'entreprise à nouveau , 2,000 | |
| Atelier compt. des dépenses pour { Intérêts , 3oo } { Frais divers, 3oo } 1,100 { Loyers , 5oo } | Entreprise ,  1,100 |
| Le prix coûtant ,  1,100 | Atelier, consommation ,  1,100 |

## GRAND LIVRE DES COMPTES EN NATURE.

| | Doit. | | Avoir. |
|---|---|---|---|
| **Magasin**<br>De Matière première. | | Déchet, 400<br>Consommé, 24000<br>au prix coûtant<br>A inventorier 4000 | 12,000 |
| 28,400 de rognure à 50 c. | 14,200 | 2,200 |
| | | 28,400 | |
| **Atelier**, Fabrication. | | | |
| 28,400 rognures compris le déchet. | 12,000 | Les 24 barils de colle forte fabriquée mise en magasin ont employé en rognures  24,000 | |
| *Nota.* Tous les autres articles de dépense, étant balancés, on se dispensera de continuer le compte au grand livre, puisqu'il est remplacé par d'autres débiteurs qui ont un compte ouvert. | | Il y en a en magas.  4,000<br>où il y a un déchet de  400 | 12,000 |
| | | 28,400 | |
| **Magasin**<br>Des Marchandises fabriquées. | | Envoyé à Leroy  6 b.<br>Idem  13 b.<br>Guérin  5 b. | |
| 24 bar. de colle pes. 20,000 | | 24 | |
| **Fourneau.** | | | |
| Journées de maçons. | 300 | On l'évalue à l'inventaire | 900 |
| Fers. | 200 | On reportera sur la colle fabriq. au prix coûtant. | 100 |
| Serrurier. | 150 | | |
| Briques. | 200 | | |
| Plâtre. | 50 | | |
| Plomb. | 75 | | |
| Moëllon. | 25 | | |
| | 1.000 | | |

| Doit. | Avoir. |
|---|---|
| **Ouvriers.** | |
| Leurs journées. 2,000 | Sont employés à la fabrication de 20,000 colle-forte, 2,000 à employer au prix coûtant. |
| **Chaudières.** | |
| Une chaudière de 4 pieds, pesant, 853 }<br>Une chaudière carrée, 6 p. } 4,500<br>pesant, 666 } | On les évalue à l'inventaire, 4,100 |
| Racommodage a coûté 400 | On reportera au prix coûtant, 800 |
| **Ustensiles.** | |
| Deux écumoires pes. 75 225 | |
| Quatre tuyaux cuiv. 192 275 | On les évalue à l'inventaire, 400 |
| Racommodage, 100 | On portera au prix coûtant, 200 |
| **Charbon de terre.** | |
| Cinquante voies, 3,000 | Consommation, 16 voies $\frac{2}{3}$, 1,000<br>Le reste, on l'évalue à 2,000 |
| **Dépenses diverses.** | |
| 1.º Intérêts payés au créditeur, 300 | A rapporter au prix coûtant de la colle, 300 |
| | On évalue à 200 ce qui en reste, 200 |
| 2.º Frais divers et ustensiles, 300 | A rapporter au prix coûtant de la colle, 100 |
| 3.º Loyers, 500 | A rapporter au prix coûtant, 500 |

Relevé

*Relevé du crédit du Grand Livre du compte en nature, contenant les Tableaux du prix coûtant et de l'inventoriable, et faisant retrouver par l'addition de ces deux valeurs la somme pareille à celle dont l'Entreprise étoit chargée.*

| Inventaire actif, ou bilan dont l'Entreprise est chargée à nouveau. | | Compte des prix coûtans de la colle. | |
|---|---:|---|---:|
| | | En rognures, | 12,000 |
| Rognures, | 2,200 | En user d'ustensiles, | 800 |
| Fourneaux, | 900 | Idem, | 200 |
| Chaudière, | 4,100 | En charbon de terre, | 1,000 |
| Ustensiles, | 400 | En intérêts, | 300 |
| Charbon de terre, | 2,000 | En menus ustensiles perdus et | |
| Menus ustensiles, | 200 | frais divers, . | 100 |
| | 9,800 | En loyers, | 500 |
| | | En user de fourneaux, | 100 |
| Somme dont l'Entreprise | | En ouvriers, | 2,000 |
| étoit chargée. . . | 17,000 | | 17,000 |
| | 26,800 | | |

Lesdits 17,000 fr. rapportés à la livre de la colle fabriquée au poids de 20,000ᴸᵇ. la fait revenir à 17 s. la livre.

SAVOIR:

| | |
|---|---:|
| En matière première, à | 12 s. |
| En main d'œuvre, à | 2 |
| En ustensiles, user, à | 1 |
| En bois et charbon, | 1 |
| En intérêt, | |
| Loyer, | |
| User de fourneaux, | 1 |
| Frais divers, menus ustens. | |
| | 17 s. |
| Vente, terme moyen, la liv., | 20 |
| Bénéfice par livre, | 3 |

Faisant en bénéfice total 3,000 pour les 20,000 ᴸᵇ. de colle fabriquées.

L'Entreprise étoit comptable de . . . . . . . . 26,800
Pour dépense,

Elle a dépensé, 17,000
Il lui reste en nature, 9,800
Somme pareille , 26,800

L'entreprise avoit à son crédit le produit des ventes, 19,699
En y ajoutant les objets non vendus , 312
Total des produits. 20,011
Les marchandises fabriquées avoient coûté, 17,000
Bénéfice qu'elle a produit, 3,011

## *Journal à Nouveau.*

*Voyez* le bilan du compte au Grand Livre, pag. 20; il n'y a que le titre à changer.

## *Du Journal des Comptes en argent.*

On voit par l'addition du journal page 19, sommée à 84,592 fr. que les deux colonnes active et passive donnent des sommes égales sans indiquer aucun bénéfice , parce qu'au fait, il n'y a lieu d'en assigner aucun que le compte de l'entreprise ne soit rendu , au lieu que dans les opérations de commerce, le journal indique par sa balance chaque jour ou chaque mois le bénéfice ou la perte des opérations qui ont été faites. Quand l'entreprise a rendu son compte et qu'elle a désigné le prix coûtant de la marchandise fabriquée, c'est alors que l'on peut compléter le journal, en portant à l'avoir du magasin la valeur au prix de fabrique des produits qui y sont entrés. On reporte alors au débit des acheteurs ou des commissionnaires le montant des factures de vente, et la balance de ces deux sommes indique le bénéfice ou la perte.

A chaque objet de dépense, l'entreprise renvoie la comptabilité à l'atelier des fabrications, qui s'en libère en désignant quelle est la partie consommée qui doit constituer le prix coûtant, et quelle est la partie restante inventoriable dont l'entreprise se charge à nouveau.

## Du Grand Livre du Compte en Argent.

Le grand livre n'étant autre chose que la répétition du journal, classé dans un ordre différent, doit donner et donne effectivement la même somme de 84,592 fr. (page 19) pour addition des débits et crédits, et ce n'est aussi qu'après le compte rendu par l'entreprise et reporté au journal, que l'on peut compléter le bilan des balances de ce grand livre (pag. 20). On débite à nouveau l'entreprise des objets inventoriés, et l'on retrouve pour balance le même bénéfice que celui annoncé par l'entreprise.

## Du Journal des Comptes en nature ( pag. 21 ).

Il se divise en deux parties ; la 1.<sup>re</sup> est celle qui regarde le compte des dépenses, et qui constitue le débit de l'entreprise au grand livre des comptes en argent ; le second est celui qui regarde le compte des produits, et qui a pour objet la somme dont l'entreprise est créditée au grand livre pour vente des marchandises effectuées en argent, en y ajoutant l'évaluation au même prix pour celles qui peuvent être invendues.

La tâche que l'entreprise a à remplir pour ces deux comptes est de distinguer dans la dépense la partie qui est applicable au prix revenant des produits fabriqués, et celles qui restent en valeur inventoriable, de manière qu'il n'y a plus qu'à déduire la somme du prix coûtant, sur le montant de la recette des marchandises vendues, pour avoir le bénéfice ( *Voy.* pag. 26 ).

La première partie ou journal en nature à dresser est donc celle qui concerne la dépense. Les débiteurs qui figurent dans ce journal pour être successivement crédités par sommes égales, sont l'entreprise, l'atelier de fabrication, le fourneau, le prix coûtant ou la consommation et la partie inventoriable dont l'entreprise se charge à nouveau.

Vient ensuite celle qui concerne le crédit et qui tend à établir le prix revenant des produits fabriqués, leurs quotité et poids.

Les débiteurs qui figurent successivement et sont aussi crédités, sont l'entreprise, le magasin des matières, l'atelier de fabrication, le magasin des marchandises fabriquées et la maison de commerce ou de commission à laquelle on les expédie.

D 2

## *Du Grand Livre des Comptes en nature.*

Le grand livre des comptes en nature, dressé sur le journal, contient les comptes de ces divers débiteurs, avec l'énonciation de leur débit et du crédit qui les balance.

Le relevé des crédits, et leur division en deux parties, donne d'un côté la partie inventoriable, et de l'autre, la partie de la dépense applicable à la fabrication.

L'addition de ces deux sommes constitue la dépense totale dont l'entreprise étoit chargée.

Et la partie de la dépense applicable à la fabrication déduite sur la recette constitue le bénéfice.

Au moyen d'une règle de proportion, on fait le calcul qui détermine le prix du produit, revenant à la livre en chaque nature de dépense.

---

# EXEMPLE D'UNE TROISIÈME ESPÈCE D'ENTREPRISE.

## COMPTABILITÉ EN ARGENT.

Je suppose qu'il y ait eu une main courante, un journal et un grand livre dans le genre de ceux ci-devant établis au deuxième exemple de l'entreprise.

Je suppose que toute la dépense dont l'entreprise est comptable se soit montée à la somme de soixante-quatre mille six cent quarante-deux francs, suivant les détails portés ci-après (*Voyez* H), et que l'on ait porté à l'avoir de l'entreprise la valeur des marchandises vendues, et qu'en y ajoutant l'évaluation de celles restées en magasin, le total de cet avoir se soit monté à vingt-six mille francs.

Je vais supposer et figurer les valeurs telles qu'elles pourroient se trouver dans le bilan de ce grand livre dans le même genre de celui établi page 20.

---

*Bilan ou Balances des Comptes du Grand Livre en argent.*

| | DOIT. | | AVOIR. |
|---|---|---|---|
| Caisse, | 5000 | Créditeurs par compte, | 28,642 |
| Porte-feuille, | 5000 | Lettres et billets à payer, | 30,000 |
| Débiteurs par compte, | 10,000 | | 58,642 |
| | 20,000 | | |

*Addition au Bilan, d'après la reddition du Compte en nature.*

| | | | |
|---|---|---|---|
| Matière servant à la fabricat. | 5683 | | |
| Fourneaux, | 4739 | | |
| Bâtimens, | 12,510 | | |
| Ustensiles, | 18,886 | | |
| Objets divers, | 2504 | Bénéfice pour balance, | 6000 |
| | 64,322 | | 64,642 |
| Déficit sur les matières pre- | | | |
| mières à ajouter pour re- | | | |
| trouver la somme pareille | | | |
| à la dépense, | 320 | | |
| TOTAL. | 64,642 | | |

Je suppose ici que ce déficit de 320 liv. soit susceptible de se retrouver par la vérification des poids, et que les fournisseurs doivent en tenir compte ou en rétablir la valeur en nature.

Au moment de la suspension du bilan commencé, la balance doit être telle, qu'elle soit égale à la différence de la recette totale supposée des produits, qui constitue le crédit de l'entreprise sur la dépense totale qui en constitue le débit ; cette balance doit être ici de 38,642, et on voit en effet que cette différence est de 58,642, et c'est dans cette position que le deuxième comptable transmet au 1.er la somme de 44,642 pour ajouter à l'actif de son bilan et lui faire retrouver dans sa balance le même bénéfice de 6,000 liv. égal à celui qu'a trouvé ce 2.me comptable.

| | |
|---|---|
| 58,642 | 64,642 |
| 20,000 | 26,000 |
| 38,642 | 38,642 |
| | 44,642 |
| | 6,000 |

# COMPTABILITÉ EN NATURE.

## *Main courante.*

Je suppose une main courante établie dans la forme que chacun voudra choisir ; celle qui me paroît la plus convenable seroit celle ci-après ( *Voyes* I) intitulée , *Modèle d'un registre auxiliaire.* Elle donne l'avantage de trouver aisément du premier coup-d'œil les articles d'entrée et de sortie ou les autres notes dont on a besoin sans être obligé d'attendre la confection du journal : l'entrée et la sortie sont portées aux deuxième et troisième colonnes , et tous les autres objets à la première; ce qui donne une grande facilité pour dépouiller cette main courante qui contient cette première subdivision générale; sur une autre page de ce registre peuvent être portées les journées d'ouvriers de tout genre ; le voiturier peut aussi avoir son livret comme on va l'indiquer.

La vérification des mémoires des fournisseurs dont le résultat est inséré dans le registre auxiliaire, doit se faire au moment même de la remise : c'est alors que l'on doit consulter les notes précédemment tenues sur ce même brouillon et relatives au mémoire que l'on vérifie ; cette vérification doit se faire contradictoirement avec l'ouvrier entrepreneur , et c'est avec lui particulièrement qu'il faut classer les dépenses et l'emploi de ses fournitures ou leur application aux bâtimens , aux fourneaux, aux ustensiles , aux réparations et aux corvées : c'est aussitôt après la confection de l'ouvrage qu'il faut en arrêter le prix : de plus la nécessité de connoître cette dépense contribue à donner des moyens de l'économiser à l'avenir , car si l'on attend la révolution d'une année pour cette vérification , la mémoire ne peut plus fournir aux détails dont on a le plus besoin et dont on a omis de prendre les notes , la vérification devient impraticable et l'on n'a plus de base pour les évaluations : c'est souvent faute d'avoir adopté un plan méthodique , que les manufacturiers ne trouvent pas le temps nécessaire de fournir à leur teneur de livres des notes pour régulariser ces écritures additionnelles à celles du compte en argent ; ces dernières sont très-peu de chose quand il n'y a que les affaires d'une manufacture à y porter ; il suffit de tenir à jour les comptes courans très-limités et dont les erreurs sont aisément relevées par les livres des correspondans.

Quand on s'est dispensé de tenir ainsi les notes nécessaires pour obtenir le prix coûtant, et les valeurs rigoureusement exactes de la partie

( 51 )

inventoriable, on ne peut juger de son bénéfice que par un inventaire, et une estimation plus difficile et plus douteuse que l'on fait des matières, des produits fabriqués, des ustensiles, bâtimens et fourneaux ; on y joint les valeurs en caisse ou en porte-feuille et les débits des comptes courans, et sur le tout on déduit les effets à payer et les crédits de tous les comptes ; alors il est difficile que le bénéfice trouvé soit d'accord avec celui du chef d'atelier (*Voy.* K ).

### *Journal en Nature.*

J'ai adopté une autre forme pour ce journal que pour celui de la colle forte, au moyen de ce qu'il y a ici deux produits, des constructeurs de plusieurs fourneaux et de bâtimens, des ustensiles de toute espèce, et des comptes avec les ouvriers et fournisseurs de tous les genres : j'ai trouvé que la forme de débiter et créditer occasionneroit des répétitions et des longueurs, qui rendroient la besogne plus difficile sans l'obtenir plus parfaite, et jai pris une forme telle, que ce journal pourroit peut-être servir de grand livre et dispenser de l'établir.

La dépense figure dans la cinquième colonne et elle est subdivisée en deux parties : l'une qui est la consommation, et l'autre l'inventoriable qui figurent dans la troisième coloune.

Une subdivision des objets par quantités, poids et mesures, les représente par d'autres quantités, poids et mesures, employés à la fabrication ou aux fourneaux, bâtimens ou ustensiles. Ces deux divisions figurent dans deux autres colonnes, et leur addition donne une balance égale, visible, au simple coup-d'œil.

Il y a lieu dans d'autres articles à la subdivision des mémoires et au détail des objets qui les composent, ce qui doit se balancer avec leur application aux bâtimens, fourneaux ou ustensiles, en y joignant la partie inventoriable. Deux colonnes offrent le tableau de ces deux contre-balances dont l'indication se trouve dans le texte.

Une subdivision de la consommation en deux parties, applicable à chacun des deux produits, figure à la première coloune.

Le compte en nature, relativement à la recette, prend ses documens dans la comptabilité des matières et produits, elle termine son compte en se chargeant des deux produits en poids.

J'ai placé à la suite du journal en nature l'addition du journal à faire en argent que j'aurois établi à la suite du journal des comptes en argent, si j'en avois dressé un, ainsi que je l'ai fait pour la colle forte (page 16).

L'objet intéressant dans l'estimation de la partie inventoriable de la dépense, c'est que l'on détermine par là un point de démarcation de cette dépense dont le restant doit former le prix coûtant des produits obtenus: suivant que cette estimation est trop forte ou trop foible, on se trompe soi-même dans le résultat du bénéfice qui en résulte en le faisant paroître plus fort ou plus foible qu'il n'est réellement. ( La même incertitude n'a pas lieu dans l'inventaire d'un commerce, toutes les valeurs inventoriables ne sont point sujettes à des évaluations hasardeuses; ce sont les marchandises dont la valeur et le cours sont connus sur la place et sont fixés, tandis que la valeur que l'on donne à un bâtiment, à un fourneau , à un ustensile, est susceptible de varier suivant les circonstances et d'un moment à l'autre, et suivant la durée plus ou moins grande que doivent avoir ces objets qui n'ont aussi de valeur qu'autant que le produit se fabrique avec avantage). Pour rendre ceci sensible à la vue, supposons que la dépense soit exprimée par une ligne horizontale (Q. H.); que la recette des produits soit exprimée par une autre longueur (K. B.) : supposons que par une première évaluation de la partie inventoriable, le point A soit celui de la séparation , qui désigne la partie inventoriable (Q. A.), la dépense de la consommation sera (A. H.), qui sera le prix coûtant. Le bénéfice ou la perte devant résulter de la comparaison de la vente des produits avec le prix coûtant, la ligne (K. B.), qui exprime la recette des produits , étant plus longue que celle du prix coûtant (A. H.), indiquera qu'il y a un bénéfice (O. B.).

Si au contraire le point de démarcation de la partie inventoriable est transféré au point (E.), la recette se trouvant égale avec le prix coûtant (E. H.), le bénéfice sera zéro.

Enfin si le point de démarcation est transféré au point (F.), la ligne qui indique la recette étant moindre que la ligne (F. H.) qui indique la dépense, il y a perte de tout l'excédant de la dépense sur la recette (Z. H.).

Ainsi soit la dépense de la somme de six cents francs, . . . . . . . . 600
La consommation ou le prix coûtant étant de. . . . . . . . . . . . 200
La partie inventoriable sera de. . . . . . . . . . . . . . . . . . . 400

Soit la vente de . . . . . . . . . . . . . . . . . . . . . 300
Déduisant la consommation, . . . . . . . . . . . . . . . . 200
Il y a bénéfice de. . . . . . . . . . . . . . . . . . . . . 100

Soit

Soit la dépense de la somme de ................................... 600
La consommation de ................................................. 300
L'inventoriable sera de ............................................. 300
    La vente étant de ..................................... 300
    La consommation étant de ....................... 300
    Le bénéfice sera de ..................................... 0
Soit le montant de la dépense .................................. 600
Soit la consommation de ........................................... 400
L'inventoriable de ................................................... 200
    La vente étant de ..................................... 300
    Et la consommation de ............................... 400
    Il y aura perte de ...................................... 100

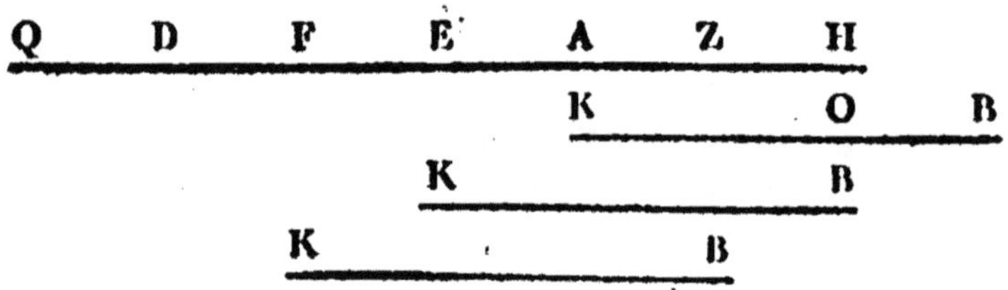

```
Q      D      F      E      A      Z      H
___________________________________________
                            K           O      B
                      ______________________________
                   K                        B
              _____________________________________
         K                        B
    ___________________________________
```

## TABLE DE CLASSIFICATION (*Pag.* 53).

L'ordre dans lequel j'ai rangé la dépense est un ordre raisonné et non un ordre alphabétique, mais il peut en servir par la facilité que présentent à l'esprit les différentes divisions. La première contient les matières et substances propres à la fabrication, et elles y servent directement et spécialement. Elles sont susceptibles de faire partie de la consommation et de l'inventoriable.

La deuxième contient les dépenses *consommées* entièrement dans la fabrication, telles que les journées d'ouvriers et frais divers, etc.

La troisième, celle des ouvriers entrepreneurs et fournisseurs; l'application des dépenses qui en résultent a lieu suivant leur diverse nature, soit aux ustensiles, soit aux fourneaux, soit aux bâtimens, et ce n'est que sous ces trois dénominations que les sommes de ces dépenses peuvent figurer au prix coûtant.

La quatrième contient les matériaux de construction servant aux bâtimens, fourneaux et ustensiles, notamment les métaux, et ce n'est

E

aussi que sous ces trois dénominations, ou l'une d'elles, que ces objets peuvent figurer dans la dépense et être appliquées au prix coûtant ou l'inventoriable.

La cinquième comprend les dénominations de ces nouveaux objets créés par le concours de la dépense de la troisième et de la quatrième division, puisque ceux de la première et de la seconde sont applicables directement aux produits fabriqués et sous leur propre dénomination, et que l'on a annoncé que ces dépenses de la troisième et quatrième division ne pouvoient figurer à la consommation ou à l'inventaire que sous les nouvelles dénominations des trois objets qu'elles produisent.

La sixième division comprend les deux points où aboutissent toutes les dépenses; savoir : la partie consommée qui constitue le prix coûtant des produits, et par suite leur prix revenant à la livre, et la partie inventoriable.

## Les Déchets et Avaries.

Les déchets et avaries sont de plusieurs natures; les uns sont antérieurs à la gestion, ou étrangers à la gestion des ateliers, qui ne sont comptables que des quantités et qualités qu'ils ont reçues; les autres proviennent des accidens et fautes de la fabrication, et font partie de la dépense des produits; les premiers s'emploient dans la colonne des profits et pertes du journal du compte en argent, ainsi que les bénéfices accidentels et étrangers à la fabrication qui pourroient avoir lieu; les autres se trouvent naturellement employés et déduits, puisque l'on n'emploie dans la main courante de l'atelier que les produits obtenus, forts ou foibles.

## Des Balances du Grand Livre.

Ces balances sont de plusieurs espèces, puisque le journal renferme plusieurs natures de compte.

La première est le tableau des opérations résultantes du journal en nature. C'est le point de vérification du travail, fait par ce journal. Le but du compte de l'entreprise est de retrouver dans l'addition des divisions de la dépense une somme pareille à cette même dépense qui est ici de 64,642, de sorte qu'en définitif cette dépense soit réduite à deux termes simples; savoir : les objets consommés, et les objets inven-

toriables. Plusieurs articles sous la même dénomination que celle portée au débit de l'entreprise, contiennent des sommes différentes de
celles de ce débit. Ainsi le mot *matière première* y figure pour 4,800
et n'est porté que pour 4,500 au débit du grand livre ( page 40 ),
parce qu'on y a ajouté les frais de transport de 300 fr. qui en augmen-
tent le prix, et ainsi d'autres.

Plusieurs objets ont été créés, et leur nom ne peut se trouver dans
la dépense de caisse ; savoir : les bâtimens, les fourneaux et les ustensiles. Les objets en déficit sont aussi de cette nature. Il faut donc en
rétablir les valeurs dans une des deux colonnes, comme on l'a fait,
pour que l'addition produise une somme pareille à cette dépense, qui
se trouve par là subdivisée en deux sommes intitulées ; *consommation*
et *partie inventoriable*. C'est un des points les plus vétilleux du travail
des teneurs de livres.

La deuxième espèce de balance offre le tableau de la consommation
applicable au prix coûtant de chaque produit. Dans cet exemple la consommation totale est de 20,000 fr. Le prix coûtant du premier produit
est de 12,585, et le prix coûtant du second produit est de 7,415.

La troisième espèce de balance représente le prix revenant au quintal et le prix revenant à la livre des chacun de deux produits. Le prix
revenant à la livre est aussi calculé pour chaque espèce de dépense
effectuée. C'est alors que l'entreprise prononce que le 1.er produit pesant
75,000 m. a coûté 12,585 fr. ce qui le fait revenir à 16 fr. le demi-
quintal métrique, que le 2.me produit pesant 100,000 m. a coûté 7,415 fr.
ce qui le fait revenir à 7 fr. 50 c. les 50 kil. que le 1.er produit a coûté
26 sous la livre en matière première, 40 sous en bois, etc.

La quatrième balance présente le tableau des objets inventoriés en
poids, nombre ou mesure, avec l'évaluation de chaque objet ; c'est alors
que l'entreprise prononce que les objets inventoriés, dont elle se charge
à nouveau, se montent à 44,322 fr.

La cinquième balance est la clôture du compte de l'entreprise, qui,
comparant la recette avec la dépense de consommation, présente le
bénéfice de 6,000 fr.

# JOURNAL DES COMPTES EN NATURE

## DE LA TROISIÈME ESPÈCE D'ENTREPRISE,

### OU

CAHIER du dépouillement des Mémoires des fournisseurs et des factures fournies aux acheteurs, vérifiés par nombre, quotité, poids et prix, et rectifiés sur les registres d'entrée des matières et sortie des produits fabriqués sur celui de la consommation ; les rôles des journées et les notes d'emploi, et autres articles portés sur les mains courantes ou registres auxiliaires pour établir les comptes en nature comme suit.

Ce Cahier, contenant l'indication des comptes à ouvrir au grand livre et des objets à y porter, sous ce point de vue fait les fonctions du registre appelé Journal indicateur dans les comptes en argent du commerce, nom qui lui seroit impropre en manufacture, puisqu'il ne se compose pas jour par jour, mais au bout de l'année révolue.

---

*MODÈLE d'un Registre auxiliaire d'une Manufacture pour la comptabilité de la consommation et de l'inventoriable, et de l'établissement du Journal des Comptes en nature.*

| | N.° 1. | N.° 2. | N.° 3. | |
|---|---|---|---|---|
| DATES. | OBJ. DIVERS. | ENTRÉES. | SORTIES. | |
| Janvier 1816. | Matière 1.re | | | Reçu de M. Deschamps 14,000 de mat. première ( poids vérifié ) au lieu de 15,000 que porte sa facture, à raison de 32 fr. le cent. |
| 9. | Bois. | | | Reçu 20 décastères de bois de M. Houdaille, à raison de 160 fr., et vérification faite, le compte s'y est trouvé exactement. |
| | Bouteilles | | | |
| | Charbon de terre. | | | |
| | Sel. | | | |

NOTA. Ces colonnes doivent être marquées par des lignes perpendiculaires.

| DATES. | N.° 1.<br>OBJ. DIVERS. | N.° 2.<br>ENTRÉES. | N.° 3.<br>SORTIES. |
|---|---|---|---|
| Janvier<br>1816. | Acide.<br>Fourrage.<br>Fer. | | |
| 9 | Plomb.<br>Cuivre.<br>Tôle.<br>Fonte. | | |
| 10 | Tuiles.<br>Briques.<br>Plâtre.<br>Moëllons. | | |
| | | 1.er prod. | Envoyé à la maison de commiss. 5,000 l. pes. net du premier produit. |
| | | 2.e prod. | Livré à M. David 2,000 du second produit, à raison de 10 fr. les 50 kil., en cinq tonneaux, N.° 1, 2, 3, 4, 5, dont les nets et les tares sont portés au registre des factures. |
| | | 3.e prod. | Envoyé à M. Laurent 4,000 du 3.e produit en 8 tonneaux, dont les tares et nets sont portés au registre des factures. |
| | | Bouteilles. | Envoyé à M. Alban 20 bouteilles vides et leur emballage, dont le prix est à déduire sur la facture, à raison de 5 fr. 50 c. |
| | | Plomb. | Envoyé à M. Beaulieu 2,500 liv. de vieux plomb. |
| | | Bois. | Envoyé à M. Dumont une voie de bois qu'on lui a vendue au prix de 25 fr. |
| | Voiture. | | Convenu avec le sieur Langeron, voiturier, qu'il feroit les voitures à raison de 2 fr. 50 c. du cent. |
| | Loyers. | | Convenu avec le propriétaire que l'on auroit la facilité de construire un hangard en rétablissant la petite loge que l'on seroit obligé de démolir. |

| N.° 1. | | N.° 2. | N.° 3. |
|---|---|---|---|
| DATES. | OBJ. DIVERS. | ENTRÉES. | SORTIES. |
| | Prélèvement. | | |
| | Ouvriers, Entrepren. Fourniss. Et construc-teurs. | | |
| | Bâtiment, Fourneaux, Ustensiles de toute nature. | | |
| | Consomma-tion. | | |
| | Cheval. | | |
| | Maçon. | | |

Les associés sont convenus que l'on prendroit à titre de prélèvement la somme de 1,200 fr. par an.

On inscrit toutes espèces de conventions que l'on peut faire avec eux relativement aux prix, qualités des matières et conditions des marchés, sur-tout ceux que l'on ne fait point signer.

On inscrit sous ces diverses dénominations l'époque et la durée des constructions, les matériaux que l'on y a employés, les journées d'ouvriers dont on a pu tenir note, de manière à pouvoir réunir l'ensemble des dépenses qui ont été faites.

Cet article ne trouve point sa place ici; il regarde entièrement la troisième comptabilité, qui est celle du mouvement des matières, et dont le registre-journal est décrit séparément ci-après. C'est sur ce registre que le comptable des produits en nature établit son journal, pour y prendre le montant de ses consommations dont le reliquat constitue la partie inventoriable.

Acheté un cheval de M.***

Le maçon a fourni son mémoire; il se trouve conforme pour les journées.

## CAHIER DES JOURNÉES DES OUVRIERS.

| DATES. Janv. | ATELIER. | | | MAÇONS. | | SERRURIERS. | |
|---|---|---|---|---|---|---|---|
| | Pierre. | Picard. | Laurent. | Michel. | David. | Lauvergne. | Jean. |
| 1 | 1 | 1 | 1 | 1 | 1 | 1 | $\frac{1}{2}$ |
| 2 | 1 | $\frac{3}{4}$ | $\frac{1}{2}$ | $\frac{3}{4}$ | $\frac{3}{4}$ | $\frac{3}{4}$ | $\frac{1}{2}$ |
| 5 | $\frac{1}{3}$ | 1 | 1 | $\frac{1}{3}$ | 1 | $\frac{1}{2}$ | $\frac{1}{2}$ |
| 4 | 1 | 1 | 1 | 1 | 1 | 1 | 1 |
| | $3\frac{1}{3}$ | $3\frac{3}{8}$ | $3\frac{1}{2}$ | 3 | $3\frac{1}{4}$ | 3 | $2\frac{1}{3}$ |

Une des notes que j'estimerois la plus propre à consigner des détails relatifs aux trois comptes du manufacturier, seroit celle sous la forme ci-après, que je fais inscrire au livret du voiturier, contenant deux cases en regard l'une de l'autre.

Dans celle à gauche sont inscrits les ordres que l'on donne pour la journée, et dans celle à droite on écrit le lendemain ce qu'il a exécuté réellement, avec les changemens qui surviennent presque toujours dans la journée à la marche projetée.

Ce livre peut servir à rétablir des erreurs et omissions des différens registres auxiliaires, dont se compose la main courante en diverses mains d'une manufacture.

| JANVIER. | | |
|---|---|---|
| 1 | Aller porter 3 tonneaux de sel à M. Devic. Ramener de la chaux. | Vidal en a conduit quatre, et a ramené trois minots de chaux pris à la Grève. |
| 2 | Conduire 6 barriques de sel à M<sup>m</sup> C. V. P. V. D. S. | M. V. a rendu la barrique on l'a laissée à M.<sup>r</sup> S. |
| 3 | Aller charger deux voitures de sel au port. | L'essieu ayant cassé, on a chargé 6 tonneaux vides pour M.<sup>r</sup> D. |
| 4 | Aller chercher du plâtre. | On a ramené le plâtre et reçu chemin faisant 34 fr. de M.<sup>r</sup> Hué, qui les a remis au voiturier. |

**Copie** *du Compte de l'Entreprise, prise sur le grand livre des Comptes en argent, pour parvenir à établir le Compte en nature.*

| Débit de l'Entreprise au Grand Livre en argent. | | Crédit de l'Entreprise au Grand Livre en argent. | |
|---|---|---|---|
| | DOIT. | | AVOIR. |
| Matière première, | 4,500 | | |
| Bois , | 2,800 | | |
| Bouteilles, | 3,000 | | |
| Charbon de terre, | 1,800 | | |
| Sel , | 1,300 | | |
| Acide, | 683 | | |
| Ouvriers, | 2,500 | | |
| Tonneaux et tonnelier, | 1,400 | | |
| Menuisier, | 6,700 | | |
| Menus ustensiles, | 709 | | |
| Cuivre Romilly , | 2,400 | | |
| Fonte, | 300 / 1,800 | | |
| Plombier et Plomb, | 5,250 | | |
| Tôle, mémoire du mar.d | 1,500 | | |
| Voiture, | 275 / 1,120 | | |
| Chevaux, Fourrage, | 905 | | |
| Intérêts, | 50 | | |
| Loyers, | 500 | | |
| Frais, | 450 | | |
| Appointement, | 500 | | |
| Prélèvement, | 1,000 | | |
| Moëllon, | 600 | | |
| Maçon , | 3,500 | | |
| Serrurier, | 1,605 | | |
| Chaudronnier , | 1,700 | | |
| Idem Chaud. de tôle chaud. | 1,600 | | |
| | 50,447 | | |

L'Entreprise

| L'Entreprise doit. | | L'Entreprise | avoir. |
|---|---|---|---|
| D'autre part. . . . 50,447 | | 75,000 lb de Marchandises, | |
| Charron, | 170 | 1er produit vendu à raison | |
| Fer, | 5,020 | de 20 fr. | 15,000 |
| Briques, | 1,400 | 100,000 lb de 2me produit à | |
| Plâtre, | 500 | raison de 10 fr. | 10,000 |
| Couvreur, | 500 | 10,000 lb de résidus à 10 fr. | |
| Vitrier, | 130 | le 100, | 1,000 |
| Carreleur, | 200 | | 26,000 |
| Tuiles, | 5,200 | | |
| Sellier, | 75 | | |
| Charpentier, | 5,500 | | |
| Bois de bateau, | 1,500 | | |
| | 64,642 | | |

C'est cette somme dont l'entreprise va rendre compte en deux mots. Elle va dire, 1.º quelles sont les valeurs qui en restent inventoriables ; 2.º ce qui est détruit par la consommation, l'user et le dépérissement pour la fabrication des marchandises dans lesquelles le capitaliste doit retrouver la valeur et au-delà de ce qu'elles ont coûté à fabriquer.

Il arrive souvent que l'entreprise met trop de valeur aux choses inventoriables, et qu'elle diminue par conséquent celle des choses consommées, usées, dépéries, puisqu'elle est limitée à ne pas passer son débit ( de 64,642 fr.) dans les deux évaluations qu'elle fait du prix coûtant et du prix inventoriable.

L'entreprise est censée avoir été créditée en son compte en argent, ouvert au grand livre, 1.º d'une somme de 15,000 valeur de 75,000 du 1.er produit qu'elle a versée, soit vendu, soit à vendre ; 2.º de la somme de 10,000 fr. valeur des 100,000 fr., du 2me produit ; 3.º de la somme de 1,000 fr. pour valeur du 3.me produit.

Le compte qu'elle a à rendre à cet égard est de déterminer le prix auquel est revenu chacun de ces produits à la livre, au poids ou à la mesure, selon leur nature.

F

# JOURNAL DES COMPTES EN NATURE

## DES ATELIERS DE FABRIQUE,

*Dressé d'après le Compte en argent de l'Entreprise au grand livre.*

| | | 1. | 2. | 3. | 4. | 5. |
|---|---|---|---|---|---|---|
| **MATIÈRE PREMIÈRE.** | Facture et voiture......... | | | | 15,000 | 4,800 |
| | Reçu 14,000 k. à 32 | | | | | |
| | Consomm. 4,680 valant 1,500 ci | | 4,680 | 1,500 | | |
| | Doit rest. 10,320 valant.... | | | 2,980 | | |
| | Reste . . 9,320........ | | 9,320 | | | |
| | Déficit . . . . non reç. ou perd. | | 1,000 | 320 | | |
| | | | 15,000 | 4,800 | | |
| | Prix coûtant du 1.er produit, . | 1,000 | | | | |
| | 2.e produit, . | 500 | | | | |
| | | 1,500 | | | | |
| **BOIS.** | 20 décastères à 160 comp. voit. | | | | 20 déc | 5,200 |
| | 12 ½ consommés. | | 12 ½ | 2,000 | | |
| | 7 ½ qui restent. | | 7 ½ | 1,200 | | |
| | | | 20 | 5,200 | | |
| | Prix coûtant 1.er produit. | 1,500 | | | | |
| | 2.e produit. | 500 | | | | |
| **BOUTEILLES.** | Facture du marchand.. | | | | | 3,000 |
| | Consommation. | | | 2,500 | | |
| | Doit rester en nature. | | | 500 | | |
| | Somme pareille. | | | 3,000 | | |
| | Prix du 1.er produit. | 1,500 | | | | |
| | 2.e produit. | 1,000 | | | | |
| | 30 voies sont revenues à 65f. la v. | | | | | 1,890 |
| | 25 voies consommées. | | | 1,500 | | |
| | 5 voies restantes évaluées. | | | 390 | | |
| | | | | 1,890 | | |
| | Prix coût. du 1.er produit. | 900 | | | | |
| | 2.e produit. | 600 | | | | |
| | | 1,500 | | | | |
| **CHARBON DE TERRE.** | Entrée Charbon de terre. | | | | | 30 v. |
| | Consommation suivant le regist. | | 24 v. | | | |
| | Doit rester 6 voies. | | | | | |
| | Il reste. | | 5 v | | | |
| | Déficit à ajouter à la C.on au reg. | | 1 v. | | | |
| | | | 30 | | | |

|  |  | | | | | |
|---|---|---|---|---|---|---|
| **SEL.** | 6,500 à 22 fr. . . . . . . . . . . . . | | | | 6,500 | 1,430 |
| | 4,600 Consommé. . . . . . . . | | 4,600 | 1,000 | | |
| | 1,900 Restent. . . . . . . . . . . | | 1,900 | 430 | | |
| | | | 6,500 | 1,430 | | |
| | 3,700 au 1.er prod. à son prix c. | 800 | | | | |
| | 900 au 2.e prod. à son prix coût. | 200 | | | | |
| | | 1,000 | | | | |
| **ACIDE.** | 1,139 k. en 13 bout. à 60. . . | | | | 1,139 | 683 |
| | Consom. suivant le registre. . | | | 500 | | |
| | Et déchet, 853, ci . . | | 853 | | | |
| | Reste . . . 306 . . . | | 306 | 185 | | |
| | | | 1,139 | 683 | | |
| | Prix coûtant du 1.er produit. . | 500 | | | | |
| | 2.e produit. . | 200 | | | | |
| **OUVRIERS** | Suivant le rôle et la paye . . . | | | | | 2,500 |
| | Il y en a applicable au 1.er prod | 1,500 | | | | |
| | au 2.e prod. | 1,000 | | | | |
| **INTÉRÊTS.**<br>**LOYERS.**<br>**FRAIS.**<br>**APPOINT.**<br>**PRÉLÈVE.** | Ces 5 objets se mont. en dép. à | | | | | 2,500 |
| | Il y en a applicab. au 1.er prod. | 1,500 | | | | |
| | au 2.e prod. | 1,000 | | | | |
| | | 2,500 | | | | |
| | On ne compte aucune dépense pour le 3.e produit. | | | | | |
| | Ou le compte au pur bénéfice ou pour compenser les accidens. | | | | | |
| **VOITURES.** | Le mémoire du voiturier. . . | | | | | 1,395 |
| | Il y en a eu pour matière 1.er 300 | | | | 300 | |
| | Bois. . . . . . 400 | | | | 400 | |
| | Moëllon. . . . 200 | | | | 200 | |
| | Charbon. . . . 90 | | | | 90 | |
| | Sels. . . . . . 130 | | | | 130 | |
| | 1,120 | | | | 1,120 | |
| | Lesquelles sommes sont ajoutées à chaque article. . . . . | | | 1,120 | | |
| | Les 275 restant. . . . . . | | | 275 | | |
| | | | | 1,395 | | |
| | Sont applicables au 1.er prod. p. | 130 | | | | |
| | au 2.e prod. p. | 145 | | | | |
| | | 275 | | | | |
| **CHEVAUX.** | Un cheval. . . . . . . . . . | | | | | 200 |
| | Estimé. . . . . . . . . . . . . | | | | 200 | |

| | | C1 | C2 | C3 | C4 | C5 |
|---|---|---|---|---|---|---|
| **FOURRAG.** | Il en a été acheté pour. . . . . | | | | | 705 |
| | La consommation de. . . . . | | | 225 | | |
| | Il en reste. . . . . . . . . . | | | 480 | | |
| | | | | 705 | | |
| | Prix coûtant du 1.er produit. . | | 125 | | | |
| | 2.e produit. . | | 100 | | | |
| **TONNEL.** | Achat de tonneaux. | | | | | |
| | 600 tonneaux, ci. . . . . . . | | | | 600 | 1,200 |
| | Journées, façon. . . . . . . | | | | | 200 |
| | Reste 450 tonneaux. . . . . . | | 450 t. | 900 | | 1,400 |
| | User, consommation . . . . . | | 150 | 500 | | |
| | | | 600 | 1,400 | | |
| | Applicable | | | | | |
| | Au 2.e produit seulement. . . | 500 | | | | |
| **MAÇON.** | Mémoire. . . . . . . . . . | | | | | 3,500 |
| | 402 Journées. . . . . . . . | | | | 2,000 | |
| | Façon pour le bâtiment. . . . | | | | 1,000 | |
| | Corvées, entretien. . . . . . | | | | 500 | |
| | | | | | 3,500 | |
| | Emploi. | | | | | |
| | Fourneau A. . . . . . . . . | | | 1,100 | | |
| | B. . . . . . . . . | | | 700 | | |
| | C. . . . . . . . . | | | 500 | | |
| | Bâtiment. . . . . . . . . | | | 1,200 | | |
| | | | | 3,500 | | |
| **SERRUR.** | Son mémoire. . . . . . . . | | | | | 1,605 |
| | Subdivision | | | | | |
| | Journées main-d'œuv. aux fourn. | | | | 750 | |
| | Racommodage de fonte. . . . | | | | 55 | |
| | Façon de 2,000 de fer. . . . . | | | | 800 | |
| | | | | | 1,605 | |
| | Emploi. | | | | | |
| | Fourneau A. . . . . . . . . | | | 300 | | |
| | B. . . . . . . . . | | | 200 | | |
| | C. . . . . . . . . | | | 250 | | |
| | Bâtiment. . . . . . . . . | | | 800 | | |
| | Ustensiles de fonte. . . . . . | | | 55 | | |
| | | | | 1,605 | | |

Il n'y a pas lieu de faire application de ces deux dernières dépenses à aucun des produits, ni inventaires quelconques, puisque cette application est faite aux mots Fourneaux, Bâtiment, Ustensiles, où ces dépenses sont employées.

|  |  | | | | | |
|---|---|--:|--:|--:|--:|--:|
| **CHAUDRONNIER.** | Son mémoire fournit. et façon. | | | | 428 | 1,700 |
| | La facture de Romilly. | | | | 800 | 2,400 |
| | | | | | 1,228 | 4,100 |
| **Cuivre.** | Chaudière C en cuivre p. 850 l. | 850 | 2,600 | | | |
| | Un fond de la chaud. D p. 428 | 428 | 1,500 | | | |
| | 1,278 | 1,278 | 4,100 | | | |
| | La dépense est de. | | | | | 5,250 |
| | Achat de plomb neuf en table pesant, 5,000 l. à 50 fr. | | | 5,000 | 2,500 | |
| | Vieux plomb, 3,000 l. à 40 fr. | | | 3,000 | 1,200 | |
| | | | | 8,000 | 3,700 | |
| | Etain, soudure, 130 | | | | 130 | |
| | Journées d'ouvriers. | | | | 870 | |
| | Echange de vieux plomb à 5 du cent. | | | | 150 | |
| **PLOMBIER.** | Une cuvette à descente. | | | | 400 | |
| | | | | | 5,250 | |
| | Une chaudière X pes. 5,550 l. | 5,550 | 3,225 | | | |
| | Conduite Y 1,502 | 1,502 | 800 | | | |
| | Réservoir Z 1,004 | 1,004 | 700 | | | |
| | 8,056 | 8,056 | | | | |
| | Cuvette. | | 400 | | | |
| | Journées, réparation. | | 25 | | | |
| | | | 5,250 | | | |
| **COUVREUR.** | Son mémoire. | | | | | 500 |
| | Employé au bâtiment. | | | | 500 | |
| **VITRIER.** | Employé au bâtiment. | | | 130 | | 130 |
| | Mémoire du menuisier monte à. | | | | | 6,700 |
| | Mémoire du marchand de bois. | | | | | 1,500 |
| | | | | | | 8,200 |
| **MENUISIER et march. de bois.** | Leur composition. | | | | | |
| | Séparation. . . . Cloison. | | | | 700 | |
| | Port. et fen. . . . Bâtiment. | | | | 2,300 | |
| | . . . Filtre. | | | | 2,200 | |
| | . . . Manivelle. | | | | 2,000 | |
| | . . . Ustensiles. | | | | 1,000 | |
| | | | | | 8,200 | |
| | A employer au bâtiment et aux ustensiles. | | | | | |
| | Mémoire. | | | | | 170 |
| **CHARRON.** | Une charette. | | | | 150 | |
| | Une brouette. | | | | 20 | |
| | A employer aux menus ustens. | | | | 170 | |

| | | | | | |
|---|---|--:|--:|--:|--:|
| CHARPENTIER. | Mémoire. | | | | 3,500 |
| | Employé au bâtiment. | | 2,000 | | |
| | Ustensiles, réservoirs. | | 1,000 | | |
| | Grue. | | 500 | | |
| | ( *Voyez* Ustensiles, charpente.) | | 3,500 | | |
| CARRELEUR. | Employé au bâtiment. | 200 | | | 200 |
| SELLIER. | Employé aux menus ustensiles. | | | | 75 |
| | Pour l'inventoriable. | | | | |
| | Et le prix coûtant des prod. | | | | |
| | Facture du Marchand aux prix de 20 , 25 , 27. | | | 9,100 l. | 2,275f. |
| | Idem à 22 fr. 50 c. | | | 3,000 | 700 |
| | Cornette à 22 fr. 50 c. | | | 90 | 45 |
| | | | | 12,190 | 3,020 |
| FERS. | Employé au fourneau A. | 1,800 | 450 | | |
| | B. | 3,600 | 908 | | |
| | C. | 2,800 | 681 | | |
| | Employé à une chaud. de fonte. | 90 | 45 | | |
| | Reste inventoriable. | 90 | 236 | | |
| | Employé au bâtiment. | 3,000 | 700 | | |
| | | 12,190 | 3,020 | | |
| | *Voyez* les mots Fourn. et Bâtim. | | | | |
| | Mémoire du marchand, 2,000 tô. | | | 2,000 l. | 1,500f. |
| | Mémoire du chaudronnier | | | | 1,600 |
| | | | | | 3,100 |
| | Une chaudière en tôle T p. | 605 | 1,000 | | |
| TÔLE et Chaudronnier. | Une calandre en tôlé pesant et montée sur le fond de cuiv. | 904 | 1,500 | | |
| | Reste en nature 3 planches. | 330 | 600 | | |
| | Déchet. | 161 | 3,100 | | |
| | | 2,000 | | | |
| | A employer au mot ustensiles. tôle 2,500 pour le prix coût. | | | | |
| | Facture. | | | | 1,800 |
| | Idem. | | | | 300 |
| | | | | | 2,100 |
| FONTE. | 3 Chaudières { E. | | 2,000 | 600 | |
| | F. | | 2,000 | 600 | |
| | G. | | 2,000 | 600 | |
| | Tuyaux de descente. | | | 300 | |
| | | | 6,000 | 2,100 | |
| | A employer aux mots Ustensil. Bâtim. Pour le prix coûtant et l'inventoriable. | | | | |

| | | | | | | |
|---|---|---|---|---|---|---|
| **TUILES.** | Facture. | | | | 40m. | 3,200 |
| | Consommation bâtiment. | | 35m. | 2,800 | | |
| | Reste inventoriable. | | 5m. | 400 | | |
| | | | 40 | 3,200 | | |
| | *Voyez* Bâtiment pour l'application aux produits. | | | | | |
| **BRIQUES.** | Facture. | | | | 20,000 | 1,400 |
| | Employé au bâtiment. | | 14,000 | 280 | | |
| | au fourneau. | | 15,000 | 1,050 | | |
| | Reste invent. | | 1,000 | 70 | | |
| | | | 20,000 | 1,400 | | |
| | A employer pour les fourneaux et bâtimens, | 1,330 | | | | |
| | Reste inventoriable, | 70 | | | | |
| **PLATRE.** | 13 voies de 36 sacs et pour boire. | | | | 13 voi. | 500 |
| | Employé au bâtiment. | | | 200 | | |
| | Aux fourneaux. | | | 300 | | |
| | | | | 500 | | |
| | Vingt toises à 3o fr. | | | | 20t. | 600 |
| | Voitures. | | | | | 200 |
| | | | | | | 800 |
| **MOELLONS.** | Employé au bâtiment. | | | 500 | | |
| | Au Fourneau A. | | | 50 | | |
| | B. | | | 70 | | |
| | C. | | | 180 | | |
| | | | | 800 | | |
| | *Voyez* aux bâtimens et fourneaux, qui contiennent le prix coûtant et la part. inventoriab. | | | | | |
| **BATIMENT** | Dépense. | | | | | 13,010 |
| | Sa composition. | | | | | |
| | Maçon. | | | | 1,200 | |
| | Charpentier. | | | | 2,000 | |
| | Menuisier. | | | | 2,300 { 700 { | |
| | Serrurier. | | | | 800 | |
| | Vitrier. | | | | 15o | |
| | Carreleur. | | | | 200 | |
| | Fer. | | | | 700 | |
| | Plomb: | | | | 4oo | |
| | Fonte. | | | | 5oo | |
| | Couvreur. | | | | 500 | |
| | Tuiles. | | | | 2,800 | |
| | Plâtre. | | | | 200 | |
| | Briques. | | | | 280 | |
| | Moëllons. | | | | 500 | |
| | | | | | | 15,010 |

| | | | | |
|---|---|---|---|---|
| De l'autre part. | | | | 15,010 |
| Estimé inventoriable. | | | 12,510 | |
| User, consommation. | | | 500 | |
| | | | 15,010 | |
| Au 1.er produit. | 320 | | | |
| Au 2.e produit. | 180 | | | |
| | 500 | | | |
| Fourneau A, Maçon. | | | | 1,100 |
| Distillation, Briques. | | | | 300 |
| Plâtre. | | | | 120 |
| Serrurier. | | | | 300 |
| Fer. | | | | 450 |
| Moëllon. | | | | 50 |
| A coûté. | | | | 2,320 |
| Estimé. | | | 1,700 | |
| Déchet. | | | 620 | |
| Total. | 2,320 | | 2,320 | |
| Fourneau B, Maçon. | | | | 700 |
| Briques. | | | | 500 |
| Plâtre. | | | | 100 |
| Serrurier. | | | | 200 |
| Fer. | | | | 908 |
| Moëllon. | | | | 76 |
| A coûté. | | | | 2,478 |
| Estimé. | | | 1,678 | |
| Déchet. | | | 800 | |
| Total. | 2,478 | | 2,478 | |
| Fourneau C, Évaporation. | | | | |
| Maçon. | | | | 500 |
| Briques. | | | | 250 |
| Plâtre. | | | | 80 |
| Fer. | | | | 681 |
| Moëllon. | | | | 180 |
| Serrurier. | | | | 250 |
| A coûté. | | | | 1,941 |
| Estimé. | | | 1,361 | |
| Déchet. | | | 580 | |
| Total. | 1,941 | | 1,941 | |
| Les trois fourneaux ont coûté. | 6,739 | ci | | 6,739 |
| Déchet sur les trois fourn. user. | | | | 2,000 |
| Estimat. des 3 fourn. inv. pour | | | | 4,739 |
| Au 1.er produit. | 1,400 | | | |
| 2.e produit. | 600 | | | |
| | 2,000 | | | |

FOUR-NEAUX.

2 Filtres

| | | | | | |
|---|---|--:|--:|--:|--:|
| **USTENSI. de Bois.** | 2 Filtres. | | | | 2,200 |
| | 3 Manivelles. | | | | 2,000 |
| | 5 Caisses doublées. | | | | 1,000 |
| | | | | | 5,200 |
| | Filtres évalués. | | 2,100 | | |
| | Manivelles. | | 1,900 | | |
| | *4,950* | | | | |
| | 5 Caisses. | | 950 | | |
| | User. | | 250 | | |
| | | | 5,200 | | |
| | Prix coûtant au 1.er produit. | 100 | | | |
| | au 2.e produit. | 150 | | | |
| | | 250 | | | |
| **USTENSI. de Charpente** | Un réservoir cont. 100 p. de bois | | | 100 p. | 1,000 |
| | Estimé. | | 850 | | |
| | Une grue. | | | 41 p. | 500 |
| | *1,250* | | | | 1,500 |
| | Estimé. | | 400 | | |
| | Déchet du dépérissement. | | 250 | | |
| | | | 1,500 | | |
| | Prix coûtant du 1.er produit. | 150 | | | |
| | Prix coûtant du 2.e produit. | 100 | | | |
| | | 250 | | | |
| **USTENSI. de Cuivre.** | Une chaudière C, pes. 800 coût. | | | | 2,600 |
| | Une chaud. D, fond de cuivre, calandre en tôle, à coûté en cuivre . . 1,500 | | | | 3,000 |
| | En tôle . 900 / 600 } 1,500 | | | | 5,600 |
| | Celle en cuivre C évaluée. | | 2,500 | | |
| | La chaudière D neuve en cuivre et tôle. | | 2,800 | | |
| | User du cuivre. | | 100 | | |
| | User de la tôle. | | 200 | | |
| | | | 5,600 | | |
| | Prix coûtant du 1.er produit. | 60 | | | |
| | En cuivre du 2.e produit. | 40 | | | |
| | | 100 | | | |
| **USTENSI. de Fonte.** | Chaudière E a coûté. | | | | 600 |
| | Chaudière F a coûté . . 600 | | | | 700 |
| | Racommodage . . . . 100 | | | | |
| | Chaudière G. | | | | 600 |
| | | | | | 1,900 |

G

| Désignation | Estimat. | (1) | (2) | (3) | Total |
|---|---|---|---|---|---|
| De l'autre part . . | | | | | 1,900 |
| Chaudière de fonte E cassée, éval. | | | 100 | | |
| Chaudière F raccommodée. . . | | | 500 | | |
| *1,200* | | | | | |
| Chaudière G bonne. . . . . | | | 600 | | |
| Déchet. . . . . . . . | | | 700 | | |
| | | | 1,900 | | |
| Prix coûtant du 1.er produit. . | | 500 | | | |
| du 2.e produit. . | | 200 | | | |
| | | 700 | | | |
| Une chaudière X a coûté. . . | | | | | 3,225 |
| Une conduite Y a coûté. . . . | | | | | 800 |
| Un réservoir Z. . . . . . . | | | | | 700 |
| | | | | | 4,725 |
| Chaudière X évaluée à. . . . | | | 3,150 | | |
| Conduit Y. . . . . . . . | | | 700 | | |
| Réservoir Z. . . . . . . | | | 600 | | |
| | | | 4,450 | | 4,450 |
| Déchet d'estimation . . . . | | | 400 | | 275 |
| Dépense en réparation. . . . | | | | | 125 |
| Plomb au bâtiment. . . . . | | | 400 | | 400 |
| Somme pareille à la dépense au mot plomb. . . . . . . | | | 5,250 | | |
| Prix coûtant du 1.er produit. . | | 300 | | | |
| du 2.e produit. . . | | 100 | | | |
| | | 400 | | | |
| | | | | | 954 |
| Ringard. . . . . | 20 fr. | | | | 40 |
| Pelles. . . . . . | 7 | | | | 15 |
| Brouettes. . . . . | 10 | | | | 20 |
| Charettes. . . . . | 70 | | | | 150 |
| Harnois . . . . . | 60 | | | | 75 |
| Balances. . . . . | 50 | | | | 100 |
| Tiroirs . . . . . | 12 | | | | 25 |
| Aréomètres. . . . | | | | | 10 |
| Livres. . . . . . | 10 | | | | 25 |
| Vilebrequins . . . | | | | | 5 |
| Mouffles. . . . . | 9 | | | | 18 |
| Pompes . . . . . | 36 | | | | 72 |
| Lits d'ouvriers . . | 81 | | | | 180 |
| Bois. . . . . . | | | | | 12 |
| Poêles. . . . . . | 12 | | | | 25 |
| Cloux. . . . . . | | | | | 10 |
| Outils serrurier. . | 44 | | | | 108 |
| Outils menuisier . | 30 | | | | 57 |
| Merlins. . . . . | 3 | | | | |
| 454 montant de l'estimat. ci. | | | 454 | | 954 |
| Consommation . . . . . . | | | 500 | | |
| | | | 954 | | |
| Au 1.er produit. . . . . . . | | 300 | | | |
| Au 2.e produit. . . . . . . | | 200 | | | |
| | | 500 | | | |

*Estimat. — Dépense.*

Catégories portées en marge : **Ustensi. de Plomb.** ; **Menus Ustensiles.**

| USTENSI. de Tôle. | | | | | | |
|---|---|---|---|---|---|---|
| | Une chaudière T a coûté. | 600 / 400 } | | | | 1,000 |
| | Estimation de la chaudière T. . | | | 900 | | |
| | Déchet, user . . . . . . . | | | 100 | | |
| | La caland. de la chaud. D a coût. | | | | | 1,500 |
| | Estimée. . . . . . . . . | | | 1,300 | | 2,500 |
| | Déchet, user. . . . . . . | | | 200 | | |
| | | | | 2,500 | | |
| | Prix coûtant pour} du 1.er prod. | 200 | | | | |
| | raison de déchet} du 2.e prod. | 100 | | | | |
| | sur la tôle. } | 300 | | | | |

Je ne tire aucune valeur pour la matière première en cours de fabrication ; je suppose que le travail aura été séparé et épuisé pour l'inventaire à faire des produits, de manière qu'il ne reste aucune matière mise au travail à reporter d'une année sur l'autre. A ce effet, le chef d'atelier aura soin d'observer dans son journal, sous une double date l'inscription des produits provenant de matières de l'année précédente, d'avec l'inscription des produits provenant des matières traitées depuis l'année nouvelle ( *Voy.* L ).

## JOURNAL EN NATURE

*De l'Atelier de fabrication comptable des produits pour la comptabilité du crédit en argent de l'Entreprise.*

| L'Entreprise, | 4,500 | | Le Vendeur pour 15,000 lb | 4,500 |
|---|---|---|---|---|
| A Magasin doit compte de . . . . 15,000 lb | 4,500 | | L'Entreprise, | 4,500 |
| Voitures, | 300 | | L'Entreprise, | 300 |
| B Atelier de Fabrication. | | | A Magas. Consom. 4,680 lb | |
| Premier produit, 3,120 | | | Reste, 9,320 | |
| Second produit, 1,560 | | | Déficit, 1,000 | |
| 4,680 | | | 15,000 | |
| D Magasin de marchandises fabriquées à la fabrique. | | | B L'Atelier de Fabrication est libéré par les trois produits qu'il a versés au Magasin. | |
| Premier produit, 75,000 lb | | | | |
| Second produit, 100,000 lb | | | | |
| Troisième prod. 10,000 lb | | | | |

*Addition au Journal en argent , d'après les relevés du Grand Livre en nature.*

Le premier produit a
    coûté. . . . . 12,585
Le deuxième prod.     7,415
Le trois.ᵉ prod. *nihil.*
On ne lui attribue aucun
    frais.

E   Le Dépôt a vendu net
        de tout frais à 20 fr.    15,000

H   L'Acheteur doit 1,000ˡᵇ
        à raison de 10 fr.        10,000

K   L'Acheteur doit. . .    1,000
        Pour le résidu,

        Recette totale,    26,000
        Dépense ,          20,000
        Bénéfice ,          6,000

Et revient à 16 fr. du o/o.
Et rev. à 7 fr. 40 c. du o/o.

D.   Le Magasin de la fab. est
        libéré; il a envoyé au Dépôt
        75,000 de marchand. prix
        coût. à 16 fr. les 50 kil.    12,585

D   Le Magasin est libéré,
        ayant envoyé à l'acheteur
        les 100,000 du 2.ᵉ produit
        prix coût. 7,41 c. le o/o.    7,415

D   Le Magasin a envoyé à
        l'acheteur , résidu , 1,000
        pur bénéfice , ne coûtant
        aucun frais.

                              20,000

## TABLE ALPHABÉTIQUE

### *Du Journal en Nature.*

| | | | | | |
|---|---|---|---|---|---|
| Acide. | 43 | Frais. | 43 | Sellier. | 46 |
| Appointement. | 43 | Fourrage. | 44 | Serrurier. | 44 |
| Bois. | 42 | Fourneaux. | 48 | Tuiles. | 47 |
| Bouteilles. | 42 | Intérêts. | 43 | Tonnelier. | 44 |
| Briques. | 47 | Inventoriable. | 63 | Tôle. | 46 |
| Bâtimens. | 47 | Loyers. | 43 | Ust. ( bois ). | 49 |
| Charbon. | 42 | Matière. | 42 | Ust. (charpente). | 49 |
| Cuivre. | 45 | Maçon. | 44 | Ust. (cuivre). | 49 |
| Chevaux. | 43 | Menuisier. | 45 | Ust. ( fer ). | |
| Consommation. | 63 | Moëllon. | 47 | Ust. ( fonte ). | 49 |
| Chaudronnier. | 45 | Ouvriers. | 43 | Ust. ( menuiserie ). | 45 |
| Couvreur. | 45 | Prélèvement. | 43 | Ust. ( menus ). | 50 |
| Charron. | 45 | Prix coûtant. | 51 | Ust. ( plomb ). | 50 |
| Charpentier. | 46 | Plomb. | 45 | Ust. ( tôle ). | 51 |
| Carreleur. | 46 | Plâtre. | 47 | Voiture. | 45 |
| Fer. | 46 | Plombier. | 45 | Vitrier. | 45 |
| Fonte. | 46 | Sel marin. | 43 | | |

# TABLE RAISONNÉE

*Contenant la Classification des dépenses et des objets qui en sont résultés ,*

Pouvant servir de Table Alphabétique au Journal en nature.

| | |
|---|---|
| *Substances propres à la fabrication.* | Matière première, Bois, Bouteilles, Charbon, Sel, Acide. |
| *Dépense entièrement absorbée dans la fabrication.* | Frais, Loyers, Intérêts, Appointement, Prélèvement, Voiture, Chevaux, Fourrage, Ouvriers. |
| *Ouvriers entrepreneurs dont la dépense se transforme dans les objets créés par l'Entreprise.* | Chaudronnier, Couvreur, Charron, Charpentier, Carreleur, Maçon, Menuisier, Plombier, Serrurier, Sellier, Tonnelier, Vitrier. |

| | |
|---|---|
| *Métaux.* | Cuivre, Fer, Fonte, Plomb ; Tôle. |
| *Végétaux.* | Bois de travail. |
| *Minéraux fossiles.* | Tuiles, Briques, Plâtre, Moëllon. |
| *Objets créés par l'Entreprise.* | Bâtiment ; Fourneaux, Ustensiles ( bois ), Ustensiles (charpente) ; Ustensiles de menuiserie, Ustensiles (cuivre), Ustensiles (fonte), Ustensiles (fer), Ustensiles (plomb), Ustensiles (tôle), Ustensiles (menus). |
| *Résumé du compte de l'Entreprise.* | Consommation, Inventaire, Prix coûtant. |

*Dépenses qui concourent à la formation des objets créés par l'Entreprise.*

# GRAND LIVRE DES COMPTES EN NATURE

## *De l'Exemple de la troisième Espèce d'Entreprise.*

Les Comptes qui composent le Grand Livre résultent des vingt-quatre objets qui forment le tableau du prix coûtant, considéré sous quatre rapports : comptes en nature, en argent, emploi, user ou consommation, et prix revenant à la livre.

### MATIÈRE PREMIÈRE.

| | | |
|---|---|---|
| Facture en nature. . . . . . . . 15,000 | Entrée effective. . . . . . . . . . 14,000 | |
| | Déchet ou perte. . . . . . . . . 1,000 | |
| | 15,000 | |
| Quotité comptable. . . . . . . 14,000 | Consommation. . . . . . . . . 4,680 | |
| | Reste inventoriable. . . . . . . 9,320 | |
| | 14,000 | |
| | Consommation en argent. . . . 1,500 | |
| Facture en argent. . . . . . . . 4,800 | Inventoriable en argent. . . . . 2,980 | |
| | Déficit en argent. . . . . . . . . 320 | |
| | 4,800 | |
| | 1.er produit. . . . . . . . . . 1,000 | |
| Consommation. . . . . . . . 1,500 | 2.e produit. . . . . . . . . . . 500 | |
| | 1,500 | |

### BOIS.

| | |
|---|---|
| Facture en nature, décastères. . . 20 | Entrée. . . . . . . . . . . . . 20 |
| | Recette effective. . . . . . . . . |
| Quotité comptable. . . . . . . 20 | Consommation. . . . . . . . . 12 |
| | Inventaire. . . . . . . . . . . 7½ |
| Facture en argent. . . . . | Consommation en argent. . . . . 2,000 |
| Et voiture, . . . . . . . 3,300 | Inventaire. . . . . . . . . . 1,200 |
| | 1.er produit. . . . . . . . . 1,500 |
| Consommation. . . . . . . . 2,000 | 2.e produit. . . . . . . . . . 500 |

### BOUTEILLES.

| | |
|---|---|
| Facture en argent. . . . . . . . 3,000 | Consommation. . . . . . . . . 2,500 |
| | Inventaire. . . . . . . . . . . 500 |
| Consommation. . . . . . . . 2,500 | 1.er produit. . . . . . . . . . 1,500 |
| | 2.e produit. . . . . . . . . . 1,000 |

## CHARBON DE TERRE.

| | | | |
|---|---|---|---|
| Facture en nature , voies. . . . . | 3o | Entrée. . . . . . . . . . . | 3o |
| Quotité comptable. . . . . . . . | 3o | Consommation. . . . . . . . | 25 |
| | | Inventaire. . . . . . . . . . | 5 |
| Facture en argent. . . . . . . | 1,89o | Consommation en argent. . . | 1,5oo |
| | | Inventaire. . . . . . . . . . | 39o |
| Consommation. . . . . . . . . | 1,5oo | 1.er produit. . . . . . . . | 9oo |
| | | 2.e produit. . . . . . . . . | 6oo |

## SEL.

| | | | |
|---|---|---|---|
| Facture en nature. . . . . . . . | 6,5oo | Entrée. . . . . . . . . . . | 6,5oo |
| Quotité comptable. . . . . . . | 6,5oo | Consommation en nature. . . . | 4,6oo |
| | | Inventaire. . . . . . . . . . | 1,9oo |
| Facture en argent. . . . . . . | 1,45o | Consommation. . . . . . . . | 1,ooo |
| | | Inventaire. . . . . . . . . . | 45o |
| Consommation. . . . . . . . . | 1,ooo | 1.er produit. . . . . . . . | 8oo |
| | | 2.e produit. . . . . . . . . | 2oo |

## ACIDE.

| | | | |
|---|---|---|---|
| Facture en nature , kil. . . . . | 1,139 | Recette effective. . . . . . . | 1,139 |
| Quotité comptable. . . . . . . | 1,139 | Consommation en nature. . . . | 833 |
| | | Inventaire. . . . . . . . . . | 3o6 |
| Facture en argent. . . . . . . | 683 | Consommation. . . . . . . . | 5oo |
| | | Inventaire. . . . . . . . . . | 183 |
| Consommation. . . . . . . . | 5,ooo | 1.er produit. . . . . . . . | 3oo |
| | | 2.e produit. . . . . . . . . | 2oo |

## OUVRIERS.

| | | | |
|---|---|---|---|
| Consommation. . . . . . . . . | 2,5oo | 1.er produit. . . . . . . . | 1,5oo |
| | | 2e. produit. . . . . . . . . | 1,ooo |

## FRAIS.

| | | | |
|---|---|---|---|
| Loyers et intérêts. . . . . . . | | | |
| Appointement et prélèvement. . . | | | |
| Consommation. . . . . . . . | 2,5oo | 1.er produit. . . . . . . . | 1,5oo |
| | | 2.e produit. . . . . . . . . | 1,ooo |

## FOURRAGE.

| | | | |
|---|---|---|---|
| Facture en argent. . . . . . . | 7o5 | Consommation. . . . . . . . | 225 |
| | | Inventaire. . . . . . . . . . | 48o |

**VOITURE ÉTRANGÈRE.**

Mémoire. . . . . . . . . . . . . 1,395

Consommation. . . . . . . . . . 275

**CHEVAL.**

Quittance du M.J. . . . . . . . 200

**TONNELIER.**

Son mémoire. . . . . . . . . . . 1,400

Facture en nature, tonneaux. . . 600

Consommation. . . . . . . . . . 500

**MAÇONS.**

Les journées. . . . . . . . . . 402
Mémoire en argent. . . . . . . . 3,500

**SERRURIER.**

Facture en argent. . . . . . . . 1,605

Employé. . . . . . . . . . . . . 1,605

**CHAUDRONNIER , CUIVRE.**

Facture en nature. . . . . . . . 800 l.
Fond de chaudière. . . . . . . . 428 l.

Facture en argent. . . . . . . . 2,400
Mémoire du Chaudronnier. . . . . 1,700

---

Voitures, corvées. . . . . . . . 275
Bois. . . . . . . . . . . . . . . 400
Matière 1.re. . . . . . . . . . . 300
Charbon de terre. . . . . . . . . 90
Sel. . . . . . . . . . . . . . . 130
Moëllon. . . . . . . . . . . . . 200
1.er produit. . . . . . . . . . . 130
2.e produit. . . . . . . . . . . 145

Inventoriable. . . . . . . . . . 200

Consommation. . . . . . . . . . 500
Inventoriable. . . . . . . . . . 900
Inventoriable. . . . . . . . . . 450
Consommation. . . . . . . . . . 150
2.e produit. . . . . . . . . . . 500

Employé. . . . . . . . . . . . . 402
Fourneau A. . . . . . . . . . . . 1,100
Fourneau B. . . . . . . . . . . . 700
Fourneau C. . . . . . . . . . . . 500
Bâtiment. . . . . . . . . . . . . 1,200

Main-d'œuvre aux 3 fourneaux. . . 750
Raccommodage de fonte. . . . . . 55
Façon de deux mille de fer. . . . 800

Fourneau A. . . . . . . . . . . . 300
Fourneau B. . . . . . . . . . . . 200
Fourneau C. . . . . . . . . . . . 250
Bâtiment. . . . . . . . . . . . . 800
Ustensiles de fonte. . . . . . . 55

Chaudière pesant avec la clouure. . 850
Un fond de chaudière pesant. . . 428

Chaudière C en cuivre. . . . . . 2,600
Fond de chaudière en cuivre. . . 1,500

PLOMBIER.

## PLOMBIER.

| | | | |
|---|---|---|---|
| Facture en nature. | 6,000 l. | Chaudière X, pes. avec les soudures | 5,550 |
| Idem. | 3,000 | Conduit, pesant. | 1,502 |
| | | Réservoir, pesant. | 1,004 |
| Facture en argent. 5250, | | | |
| savoir : | | | |
| Achat de plombs neufs à 50 fr. | 2,500 | Chaudière X. | 3,225 |
| Achat de vieux plombs à 40 fr. | 1,200 | Conduit. | 800 |
| Etain et soudure. | 150 | Réservoir. | 700 |
| Journées. | 870 | Cuvette. | 400 |
| Echange de vieux plombs. | 150 | Journées aux réparations. | 125 |
| Cuvette à descente. | 400 | | |

## COUVREUR.

| | | | |
|---|---|---|---|
| Son mémoire. | 500 | Employé au bâtiment. | 500 |

## VITRIER.

| | | | |
|---|---|---|---|
| Son mémoire. | 150 | Employé au bâtiment. | 150 |

## CARRELEUR.

| | | | |
|---|---|---|---|
| Son mémoire. | 200 | Employé au bâtiment. | 200 |

## SELLIER.

| | | | |
|---|---|---|---|
| Son mémoire. | 75 | Employé aux ustensiles. | 75 |

## MENUISIER.

| | | | |
|---|---|---|---|
| Son mémoire. | 6,700 | Cloison. | 700 |
| Bois de bateaux. | 1,500 | Portes et fenêtres. | 2,300 |
| | | Filtres. | 2,200 |
| | | Manivelles. | 2,000 |
| | | Ustensiles. | 1,000 |
| | | Filtres évalués. | 4,050 |
| | | Divers ustensiles évalués. | 900 |
| Employé. | 8,200 | Bâtimens. | 3,000 |
| | | Consommation. | 250 |
| | | 1.er produit. | 100 |
| Consommation. | 250 | 2.e produit. | 150 |

## CHARRON.

| | | | |
|---|---|---|---|
| Son mémoire. | 170 | Employé aux ustensiles. | 170 |

## CHARPENTIER.

| | | | |
|---|---|---|---|
| Son mémoire. | 3,500 | Employé au bâtiment. | 2,000 |
| | | Réservoir. | 1,000 |
| | | Grue. | 500 |

## FER.

Facture en nature. . . . . . . 12,190 l.

Facture en argent. . . . . . . . 3,020

Employé: Savoir. . . . . . . .

## FONTE.

Facture. . . . . . . . . . 2,100

## CUIVRE.

*Voyez* au mot *Chaudronnier* et *Ustensiles.*

**P L O M B.** *Voyez* au mot *Plombier.*

## TOLE.

Mémoire en nature, poids. . . . 2,000

Facture en argent. . . . . . . 1,500

Mémoire du Chaudronnier. . . . 1,600

## TUILES,

Facture en nature. . . . . . . 40m

Facture en argent. . . . . . . 3,200

---

Fourneau A. . . . . . . . . . . 1,800
Fourneau B. . . . . . . . . . . 3,500
Fourneau C. . . . . . . . . . . 2,800
Employé à la fonte. . . . . . . 90
Reste inventoriable. . . . . . . 900
Employé au bâtiment. . . . . . 3,000
                                12,190

Fourneau A. . . . . . . . . . . 450
Fourneau B. . . . . . . . . . . 908
Fourneau C. . . . . . . . . . . 681
A la fonte pour la Chaudière. . . 45
Inventoriable. . . . . . . . . . 236
Employé aux bâtimens. . . . . . 700
                                3,020

Chaudière E. . . . . . . . . . . 600
Chaudière F. . . . . . . . . . . 600
Chaudière G. . . . . . . . . . . 600
Tuyaux de descente. . . . . . . 300

Déchet. . . . . . . . . . . . . 161
Une Chaudière T en tôle, pesant. . 605
Une Calandre, pesant. . . . . . 904
Inventoriable. . . . . . . . . . 330
                                2,000

La Chaudière T a coûté. . . . 1,000
La Calandre. . . . . . . . . . 1,500
L'inventoriable (*) . . . . . . . 600

Consommation. . . . . . . . . 55 mil.
Inventoriable. . . . . . . . . 5 mil.
Employé au bâtiment. . . . . . 2,800
Inventoriable. . . . . . . . . . 400

(*) *La valeur du déchet est comprise dans l'user des chaudières.* Voy. *Ustensiles.*

## BRIQUES.

En nature. . . . . . . . . . 20 m

Employé au bâtiment. . . . . . . 4m
Aux fourneaux. . . . . . . . 15m
Inventoriable. . . . . . . . . 1m
___
20m

Facture en argent. . . . . . . 1,400

Aux bâtimens. . . . . . . . 280
Aux fourneaux. . . . . . . . 1,050
Inventoriable. . . . . . . . . 70
___
1,400

## PLATRE.

Facture en nature. . . . . . 13 v.

Employé au bâtiment. . . . . . 5r.
Fourneaux. . . . . . . . . . 8

Facture en argent. . . . . . . 500

Employé au bâtiment. . . . . . 200
Employé aux fourneaux . . . . . 300

## MOELLON.

Facture en nature, toises. . . . . 20

Employé au bâtiment.
Au fourneau A. . . . . }
Au fourneau B. . . . . }  . . . . 20t.
Au fourneau C. . . . . }

Facture en argent. . . . . . . 600
Voiture. . . . . . . . . . . 200

Employé au bâtiment. . . . . . 500
Au fourneau A. . . . . . . . 50
Au fourneau B. . . . . . . . 70
Au fourneau C. . . . . . . . 180
___
800

## BATIMENS.

Maçon. . . . . . . . . . . 1,200
Charpentier. . . . . . . . . 2,000
Menuisier. . . . . . . {2,500
                       { 700
Serrurier. . . . . . . . . . 800
Vitrier. . . . . . . . . . . 130
Carreleur. . . . . . . . . . 200
Fer. . . . . . . . . . . . 700
Plomb. . . . . . . . . . . 400
Fonte. . . . . . . . . . . 500
Couvreur. . . . . . . . . . 500
Tuiles. . . . . . . . . . . 2,800
Plâtre. . . . . . . . . . . 200
Briques. . . . . . . . . . 280
Moëllon. . . . . . . . . . 500
___

Dépenses réunies. . . . . . . 13,010

13,010

Sur le total des mémoires. . . . 13,310  
Consommation. . . . . . . . . 500

Inventoriable. . . . . . . . . 12,510  
Consommation. . . . . . . . . 500  
1.ᵉʳ produit. . . . . . . . . 320  
2.ᵉ produit. . . . . . . . . 180

### FOURNEAUX.

Fourneau A, Maçon . . . . . . 1,100  
Briques. . . . . . . . . . . 300  
Plâtre. . . . . . . . . . . 120  
Serrurier. . . . . . . . . . 300  
Fer. . . . . . . . . . . . 450  
Moëllon. . . . . . . . . . . 50  
A coûté. . . . . . . . . . 2,320

Estimé. . . . . . . . . . . 1,700  
Déchet. . . . . . . . . . . 620

2,320

Fourneau B, Maçon, . . . . . . 700  
Briques. . . . . . . . . . . 500  
Plâtre. . . . . . . . . . . 100  
Serrurier. . . . . . . . . . 200  
Fer. . . . . . . . . . . . 908  
Moëllon. . . . . . . . . . . 70  
2,478

Estimé. . . . . . . . . . . 1,678  
Déchet. . . . . . . . . . . 800

2,478

Fourneau C, Maçon. . . . . . . 500  
Briques. . . . . . . . . . . 250  
Plâtre. . . . . . . . . . . 80  
Fer. . . . . . . . . . . . 681  
Moëllon. . . . . . . . . . . 180  
Serrurier. . . . . . . . . . 250  
1,941

Estimé. . . . . . . . . . . 1,361  
Déchet. . . . . . . . . . . 580

1,941  
2,478  
2,320  
Prix coûtant des trois four. . . . 6,739

Consommation. . . . . . . . . 2,000  
Inventoriable. . . . . . . . . 4,739  
6,739

Les déchets réunis des trois fourn.  
montant à. . . . . . . . . 2,000

1.ᵉʳ produit. . . . . . . . . 1,400  
2.ᵉ produit. . . . . . . . . 600

### USTENSILES DE BOIS.

#### En Menuiserie.

Deux Filtres. . . . . . . . . 2,200  
Trois Manivelles. . . . . . . 2,000  
Cinq caisses doublées en fonte. . 1,000

Filtres évalués. . . . . . . . 2,100  
Manivelles. . . . . . . . . . 1,900  
Cinq caisses . . . . . . . . 950  
User. . . . . . . . . . . . 250  
1.ᵉʳ produit. . . . . . . . . 100  
2.ᵉ produit. . . . . . . . . 150

User. . . . . . . . . . . . 250  
5,450

5,450

## USTENSILES DE CHARPENT.

Facture en nature. . . . . . . . 141
Facture en argent.
Un Réservoir. . . . . . . . . . 1,000

Une Grue. . . . . . . . . . . 500

L'user et le déchet est de. . . . 250

## USTENSILES DE CUIVRE.

Une Chaudière C. a coûté. . . . 2,600
Un fond de chaudière, Calandre en
   tôle, a coûté en cuivre. 1500 }
En tôle. 900 / 600 . . . . . 1500 } 3,000
_____
5,600

User de cuivre. . . . . . . . 100

## USTENSILES DE FONTE.

Chaudière E a coûté. . . . . . 600
Chaudière F a coûté. 600 }
Racommodage. . . . 100 } . . 700
Chaudière G. . . . . . . . . 600
_____
1,900

Consommation. . . . . . . . 700

## USTENSILES DE PLOMB.

Une Chaudière X a coûté. . . . 3,225
Un Conduit Z a coûté. . . . . 800
Un Réservoir Y a coûté. . . . 700
_____
4,725

Consommation. . . . . . . . 400

Un Réservoir. . . . . . . . . 100
Une Grue. . . . . . . . . . . 41

Réservoir estimé. . . . . . . 850

Grue estimée. . . . . . . . . 400
User et déchet. . . . . . . . 250
Applicable au 1.er produit. . . . 150
Au 2.e. . . . . . . . . . . . 100

Chaudière en cuivre estimée. . . 2,500
Le fond caland. D estimé. 1,500 / 1,300 } 2,800
User de cuivre. . . . . . . . 100
User de la tôle. . . . . . . . 200
_____
5,600
1.er produit. . . . . . . . . 60
2.e produit. . . . . . . . . . 40

Chaudière E cassée, évaluée. . . 100
Chaudière F raccommodée, évaluée 500
Chaudière G évaluée. . . . . . 600
Déchet. . . . . . . . . . . . 700
_____
1,900
1.er produit. . . . . . . . . 500
2.e produit. . . . . . . . . . 200

Chaudière X estimée. . . . . . 3,150
Conduit Z. . . . . . . . . . 700
Réservoir Y estimé. . . . . . 600
Déchet d'estimation. . . . . . 275
_____
4,725
Déchet pour réparation. . . . . 125
Plomb employé au bâtiment. . . 400
_____
Somme parcille à la dépense. . . 5,250
1.er produit. . . . . . . . . 500
2.e produit. . . . . . . . . . 100

## USTENSILES DE TOLE.

| | | | |
|---|---|---|---|
| Une Chaudière T qui a coûté . . . . 1,000 | Estimé. . . . . . . . . . . . . . . | 900 |
| La Calandre en tôle a coûté. . . 1,500 | Estimé. . . . . . . . . . . . . | 1,500 |
| | Déchet. . . . . . . . . . . . . | 300 |
| Uscr des tôles, . . . . . . . . . 500 | 1.er produit. . . . . . . . . . | 200 |
| | 2.e produit. . . . . . . . . . | 100 |

### *Addition au Grand Livre des Comptes en nature.*

**Produits.**

| | | | | |
|---|---|---|---|---|
| 1.er | 75,000 | 12,585 | Revient à 16 fr. du cent. | |
| 2.e | 100,000 | 7,445 | Revient à 7 fr. 40 c. | |
| 3.e | 10,000 | | | |
| Le premier a été vendu. | | 15,000 | Il avoit coûté | 12,585 |
| Le 2.e a été vendu. | | 10,000 | Il avoit coûté | 7,415 |
| | | | Dépense totale. | 20,000 |
| Le 3.e | | 1,000 | Bénéfice. | 6,000 |
| Recette totale. | | 26,000 | | 26,000 |

---

## BILAN DES COMPTES EN ARGENT,

### *Balancés par les valeurs inventoriables et celles de la consommation.*

| Noms. | Dépense. | Consom. user. prix coût. | Reste en nature inv. | Bâtiment. | Fourn. | Fonte ust. | Déficit. |
|---|---|---|---|---|---|---|---|
| Ouvriers, | 2,500 | 2,500 | | | | | |
| Acide, | 683 | 500 | 183 | | | | |
| Bois, | 3,200 | 2,000 | 1,200 | | | | |
| Bouteilles, | 3,000 | 2,500 | 500 | | | | |
| Briques, | 1,400 | | 70 | 280 | 1,050 | | |
| Bâtiment, | | 500 | 12,510 | | | | |
| Charbon de terre, | 1,890 | 1,500 | 590 | | | | |
| Chevaux, | 200 | | 200 | | | | |
| Carreleur, | 200 | | | 200 | | | |
| Chaudronn. *V.* Cuiv. | | | | | | | |
| Charron. *Voy.* Usten. | | | | | | | |
| Couvreur, | 500 | | | 500 | | | |
| Charpente, | 3,500 | 250 | 1,250 | 2,000 | | | |

NOTA. *Toutes les colonnes du Bilan des comptes en argent doivent être marquées par des lignes perpendiculaires.*

| Noms. | Dépense. | Consom. user, prix coût. | Reste en nature inv. | Bâtiment. | Fourn. | Font. | Défic. |
|---|---|---|---|---|---|---|---|
| Cuivre chaudronnier, | 4,100 | 100 | 4,000 | | | | |
| Frais divers, | 2,500 | 2,500 | | | | | |
| Fer, | 2,975 | | 236 | 700 | 2,030 | 45 | |
| Fourrage, | 705 | 225 | 480 | | | | |
| Fourneaux, | | | | | | | |
| Fonte, | 2,200 | 700 | 1,200 | 300 | | | |
| Intérêts, | | | | | | | |
| Loyers, | | | | | | | |
| Matière 1.re, | 4,800 | 1,500 | 2,980 | | | | 320 |
| Maçon, | 5,500 | | | 1,200 | 2,300 | | |
| Moëllon, | 800 | | | 500 | 300 | | |
| Menuisier, | 8,200 | 250 | 4,950 | 2,300 | | | |
| M.d de bois, | | | | 700 | | | |
| Prélèvement, | | | | | | | |
| Plâtre, | 500 | | | 200 | 300 | | |
| Plomb, | 5,250 | 400 | 4,450 | 400 | | | |
| Appointement, | | | | | | | |
| Sel marin, | 1,450 | 1,000 | 450 | | | | |
| Sellier, | | | | | | | |
| Serrurier, | 1,550 | | | 800 | 750 | 55 | |
| Tonnelier, | 1,400 | 500 | 900 | | | | |
| Tuiles, | 3,200 | | 400 | 2,800 | | | |
| Tôle, | | | | | | | |
| Ustensiles cuivre, | | | | | | | |
| Ustensiles menus, | 954 | 500 | 454 | | | | |
| Ustensiles charp., | | | | | | | |
| Voiture de louage, | 275 | 275 | | | | | |
| Vitrier, | 130 | | | 130 | | | |
| Ustensiles de fonte, | | | | | | | |
| Ustensiles de plomb, | | | | | | | |
| Ustensiles de tôle, | 3,100 | 300 | 2,800 | | | | |
| Ustensiles de bois m., | | | | | | | |
| Ustensiles fer, | | | | | | | |
| | 64,642 | 18,000 | 39,583 | 13,010 | 6,739 | | |
| Consommation, | | 2,000 | . . . . . | . . . . . | 2,000 | | |
| | | 20,000 | 4,739 | | 4,739 | | |
| | | | | | | 100 | |
| | | | | 320 | | | 320 |
| Inventoriable, | | 44,642 | 44,642 | | | | |
| | | 64,642 | | | | | |

Nota. Les 100 de la 6.e colonne en deux articles sont compris au mot *Fonte* et retirés des mots *Serrurier* et *Fer*.

**BILAN** *de la Comptabilité de la consommation, balancé par les prix coûtans des produits.*

| Consommation. Emploi. User. Dépérissement. | | Prix coûtant. 2.e Prod. | 1.er Prod. |
|---|---|---|---|
| Matière première. . . . . | 1,500 | 1.er produit. . . . . . . | 1,000 |
| | | 2.e produit. . . . 500 | |
| Bois. . . . . . . . | 2,000 | 1.er produit. . . . . . . | 1,500 |
| | | 2.e produit. . . . 500 | |
| Bouteilles. . . . . . . | 2,500 | 1.er produit. . . . . . . | 1,500 |
| | | 2.e produit. . . . 1,000 | |
| Charbon. . . . . . . . | 1,500 | 1.er produit. . . . . . . | 900 |
| | | 2.e produit. . . . 600 | |
| Sel. . . . . . . . . . | 1,000 | 1.er produit. . . . . . . | 800 |
| | | 2.e produit. . . . 200 | |
| Acide. . . . . . . . . | 500 | 1.er produit. . . . . . . | 300 |
| | | 2.e produit. . . . 200 | |
| Ouvriers. . . . . . . . | 2,500 | 1.er produit. . . . . . . | 1500 |
| | | 2.e produit. . . . 1000 | |
| Fourneaux. . . . . . . | 2,000 | 1.er produit. . . . . . . | 1,400 |
| | | 2.e produit. . . . 600 | |
| Bâtiment. . . . . . . | 500 | 1.er produit. . . . . . . | 320 |
| | | 2.e produit. . . . 180 | |
| Tonneaux. . . . . . . | 500 | 2.e produit. . . . 500 | |
| Ustens. de menuiserie. . . | 250 | 1.er produit. . . . . . . | 100 |
| | | 2.e produit. . . . 150 | |
| Ustens. de charpente. . . | 250 | 1.er produit. . . . . . . | 150 |
| | | 2.e produit. . . . 100 | |
| Menus ustensiles. . . . | 500 | 1.er produit. . . . . . . | 300 |
| | | 2.e produit. . . . 200 | |
| | 15,500 | 5,730. | 9,730 |

Consommation.

| Consommation.<br>Emploi.<br>User.<br>Dépérissement. | | Prix coûtant. | |
| --- | --- | 2.º Prod. | 1.er prod. |
| Ci-contre. . . . 13,500 | | 6,680 | 9,770 |
| Ustensiles de cuivre. . . 100 | 1.er produit. . . . . . | | 60 |
| | 2.º produit. . . . | 40 | |
| Ustensiles de fonte. . . . 700 | 1.er produit. . . . . . | | 500 |
| | 2.º produit. . . . | 200 | |
| Ustensiles de plomb. . . 400 | 1.er produit. . . . . . | | 500 |
| | 2.º produit. . . . | 100 | |
| Ustensiles de tôle. . . . 300 | 1.er produit. . . . . . | | 200 |
| | 2.º produit. . . . | 100 | |
| Voitures. . . . . . . 275 | 1.er produit. . . . . . | | 130 |
| | 2.º produit. . . . | 145 | |
| Fourrage. . . . . . . 225 | 1.er produit. . . . . . | | 125 |
| | 2.º produit. . . . | 100 | |
| Frais divers.<br>Intérêts. . .<br>Loyers. . . } . . . . 2,500<br>Appointement<br>Prélèvement. | 1.er produit. . . . . . | | 1,500 |
| | 2.º produit. . . . | 1,000 | |
| 20,000 | | 7,415 | 12,585 |
| | | | 7,415 |
| | | | 20,000 |

*Balance de la comptabilité des produits.*

| | Prix revenant à la livre du 1.<sup>er</sup> produit. | | Prix revenant à la livre du 2.<sup>e</sup> produit. |

Prix revenant à la livre du 1.er produit.      Prix revenant à la livre du 2.e produit.

|  | Sous. | Sous. |
|---|---|---|
| En matière première. | 26 | 10 |
| En bois. | 40 | 10 |
| En bouteilles cornues et verrerie. | 40 | 20 |
| En charbon de terre. | 24 | 12 |
| En sels minéraux. | 20 | 4 |
| En acide. | 10 | 4 |
| En ouvriers. | 40 | 20 |
| En user des fourneaux. | 20 | 8 |
| En user des bâtimens. | 20 | 8 |
| En user d'ustens. de toute nat. | 40 | 28 |
| En frais divers.<br>Intérêts.<br>Loyers.<br>Apointement.<br>Prélèvement.<br>Voiture.<br>Chevaux. | 40 | 24 |
|  | 520 s. | 148 s. |

*Nota.* Les calculs ci-dessus ont été faits par les proportions suiv.

75,000 lb ont coûté 12,585 f.
   100 lb auront coûté. . . 16 fr.

75,000 lb coûtant 1,000 fr. en
   matière 1.re 1 lb coûtera. . 26 s.

    100,000 lb ont coûté 7,415 s. ½
      100 lb auront coûté. . 7 f. 40 c.

    100,000 lb coûtant 500 fr.
      1 lb coûtera. . . . 50 c.

*Objets inventoriés dont l'Entreprise se charge à nouveau.*

| | | |
|---|---|---:|
| 9,320 lb de | Matière première à 32 fr. | 2,980 |
| 7 décastères ½ de | Bois à 160 fr. | 1,200 |
| | Bouteilles, | 500 |
| 5 voies de charbon de | Charbon à 78 fr. | 390 |
| 1,900 lb de | Sel à 22 fr. | 450 |
| 306 lb | Acide à 60 fr. | 183 |
| Trois | Fourneaux A. B. C. | 4739 |
| | Bâtiment, | 12,510 |
| 2 Filtres, 5 manivelles, 5 caisses, | Ustensiles de menuiserie, | 4.950 |
| 141 pièces de bois de | charpente, | 1,250 |
| 1,278 lb. | cuivre, | 4,000 |
| | fer, | 236 |
| 3 chaudières pes. 6,000 l. en | fonte, | 1,200 |
| 2 chaudières, 1 réserv. pes. 800 l. | plomb, | 4,450 |
| 1 chaudière, une calandre et une | | |
| planche, le tout pes. 2,000 l. | tôle, | 2,800 |
| | Ustensiles menus, | 454 |
| 450 | Tonneaux, | 900 |
| | Fourrage, | 480 |
| | Briques, | 70 |
| | Cheval, | 200 |
| | Tuiles, | 400 |
| | | 44,322 |
| | Déficit dû par le fournisseur ; | 320 |
| | | 44,642 |

*Clôture du Compte de l'Entreprise.*

La dépense dont elle avoit à rendre compte, se monte à    64,642 fr.

Il reste en nature. . . . 44,642

Les objets consom. dét. usés 20,000

      Somme pareille,    64,642

La recette qui étoit employée à son

   avoir se monte à                     26,000

La dépense faite pour obtenir les

   trois produits, est de                  20,000

      Bénéfice qu'elle a produit ;           6,000

## COMPTE EN MATIÈRE

*De l'Exemple de la troisième espèce d'Entreprise.*

### MAIN COURANTE.

On tient dans chaque atelier des notes qui se rapportent chaque jour au registre d'emploi des matières et des produits en provenant ; ce registre étant divisé par colonnes, l'inscription s'en fait sans beaucoup de temps, on l'additionne chaque mois suivant le tableau ci-après, pag. 76.

Supposons que l'addition du travail présente les quantités et poids qui y sont désignés pour l'espace de deux mois.

Je suppose trois sortes de matières premières servant aux décompositions, et que chaque jour on ait employé les quantités désignées à leur colonne ; que le produit de la distillation soit composé d'un liquide , d'un résidu charbonneux, d'une huile brute et d'un carbonate brut ; que ces deux derniers ne se recueillent que tous les mois , et que les deux autres puissent s'évaluer chaque jour en jugeant des poids par les mesures.

_ La matière première sorte produit une liqueur ( n.° 4 du tableau ) qui est elle-même matière première et qui, jointe aux deux autres matières deuxième et troisième sorte, produit deux substances n.° 8 et 9 ; la dernière est vendable de suite , l'autre n.° 8 se raffine et ensuite se torréfie ou se calcine ou se sublime.

La première opération donne quatre produits, dont un n.° 4 sert de matière première ; deux autres n.° 5 et 6 se raffinent, et un quatrième n.° 7 se vend de suite sans subir d'autre décomposition.

Le carbonate raffiné et huile distillée n.° 12 et 13 sont des produits secondaires de peu de valeur, que l'on soigne pour l'utilité des arts et des pharmacies, on les recueille tous les mois.

Au moyen de ce que chaque opération ne donne son produit que le lendemain ou surlendemain , l'inscription des produits de chaque jour ne correspond pas aux matières et substances qui les ont procurés : ainsi les 90 de sels torréfiés ne correspondent pas en ligne aux 5,000 de matière première sorte, qui les ont produits ; on suppose ici une distillation faite tous les 4 à 5 jours , dans l'intervalle de laquelle on inscrit sous la même date les produits subséquens réalisés dans cet intervalle.

On voit que la distillation faite le 4 janvier aura donné le 7 janvier son premier produit de 500 liv. en liqueur, lequel produit est porté colonne 4, ainsi que les trois autres produits secondaires 5, 6 et 7 :

Que cette liqueur, jointe au deux autres matières 2 et 3, traitées le 7, n'a donné que pour le 11 ses deux produits 8.ᵉ, 9.ᵉ, 200ᵗᵇ sel brut et 120 liv. deuxième produit vendable livré au magasin ; que le sel brut, traité le 11, a donné son produit raffiné 150 liv. n.º 10 pour le 15 janvier, et que le sel raffiné le 15 janvier a donné son produit calciné, torréfié ou sublimé de 90 liv. le 23. Ce n'est donc que le 23 que j'obtiens le produit de la matière première mise en travail le 4 janvier.

A l'époque du 28 février :

J'arrête pour savoir quels ont été mes produits, j'additionne chaque colonne, et je vois d'un coup-d'œil les matières employées et les produits obtenus terme moyen ; et pour les réduire à une mesure commune et comparable, je rapporte au quintal toutes les colonnes, comme on le verra au tableau des proportions ci-après, pag. 78.

Après l'inventaire, on recommence l'inscription de la consommation et des produits, en laissant en blanc les intervalles d'interruption, comme on les voit.

Si l'on veut évaluer le travail d'une série quelconque sans interrompre, on peut laisser de même un intervalle en blanc pour y continuer la note des produits provenant de celle que l'on a voulu isoler, et on recommence après cet intervalle l'inscription des produits de la série suivante.

### *Du Tableau des Proportions.*

Je suppose qu'on ait fait un relevé de celle des opérations de l'année qui ont paru les plus exactes, et qu'on en ait composé un tableau en rangeant sur une seule ligne les opérations provenantes d'une même matière de la première sorte, et qu'en additionnant ces opérations on obtienne le résultat que 9,100 de première matière, jointe aux deux autres, aient donné 163 de sel torréfié ainsi que les autres produits désignés aux neuf autres colonnes. Je ramène au quintal chacune des colonnes, et je vois d'un coup-d'œil que 100 de sel torréfié demandent les quantités 5,582ᵗᵇ 538ᵗᵇ et 48ᵗᵇ de matières désignées sous la même ligne, et rendent en divers produits ou substances conversibles les 9 autres désignés en leurs colonnes sous la même ligne.

S'il s'agissoit de faire l'estimation des substances au cours de fabrication pour un inventaire, il faudroit faire le calcul sur toutes les colonnes
du tableau : ainsi 100 de liqueurs représentant 17,25 du premier produit
peut être évalué le tiers ou la moitié de la valeur de 17,25 ; le sel brut
inventoriable vaudra la valeur des 45 du premier produit, moins les
frais ; les 100 de sel raffiné auront pour valeur celle des 58 fr. 42 c. du
premier produit, moins les frais, etc.

## Du Journal.

On dresse ensuite le journal indicateur, comme on le voit au tableau.
Je débite chaque atelier des matières premières qu'il a reçues ou des
produits secondaires qui s'en seront suivis de la part d'autres ateliers qui
les lui ont envoyés.

Je suppose qu'il y ait autant d'ateliers que de genres d'opérations,
( quand même tout se feroit sous le même hangard ) ; après avoir ouvert
un compte au magasin qui reçoit, j'en ouvre un autre aux quatre ateliers
par lesquels passe la matière et les produits successivement ; et le dernier
compte à ouvrir est celui du magasin des produits fabriqués qui est censé
tout recevoir, (quand même il n'y auroit pas de local *ad hoc*, et que
les ateliers serviroient de magasin).

J'ouvre donc au journal un compte aux quatre ateliers B. C.' C.'' C.'''
qui porteront dans l'atelier des dénominations analogues aux différens
genres de travaux exécutés ; tels en chimie servoient les noms de distillation, de composition, de raffinage, de torréfaction, suivant la nature
des travaux principaux.

Chacun pourra de même subdiviser ses ateliers par genre des travaux
qui s'y exécutent, qui sont alimentés tant avec les matières achetées
qu'avec les résidus ou produits des ateliers qui se les renvoient sous une
forme différente.

Le journal indicateur contient, comme on le voit, la succession des
débiteurs des comptes en parties doubles, depuis le magasin des matières
jusqu'au magasin des produits auxquels doit succéder le magasin de
commerce ou dépôt à commission.

Le magasin des matières a droit de porter en décharge par nombre,
poids et mesure les matières qu'il a passées aux autres ateliers ; ici tous les
comptes doivent se contre-balancer sans reste actif ni passif. Cependant

on pourroit créer un objet de balance , en rendant le chimiste débiteur simulé du produit moyen qu'il doit obtenir , si son opération ne souffre point d'avaries ni de faute de manipulation ; ainsi l'atelier de distillation a reçu 9,100 de matière pour lesquelles il croyoit obtenir 10 p. 100 de liqueur à 7 degrès ou 910 liv., il en a obtenu 940 , il a donc un *boni* de 30 liv.

L'atelier de décomposition attendoit , supposons 372, il n'en a obtenu que 362 : l'atelier de raffinage attendoit 180 , il en a obtenu 179 : celui de torréfaction attendoit 155 , il en a obtenu 163.

C'est en faisant ces rapprochemens que l'on parvient à reconnoître à quelles opérations il faut assigner les pertes quand il s'y en trouve , et en étudier les causes pour y remédier.

Mais ce ne sont point les résultats de ces produits en plus ou en moins qui peuvent opérer la décharge des ateliers , puisque tout ce qui est perdu ne doit jamais se retrouver.

Leur décharge est entièrement opérée par les balances égales de la sortie de leurs produits , soit par tradition réelle , soit en indiquant qu'ils ont péri par un fait quelconque , c'est ce qui fait que je me suis contenté de tirer en dedans de la ligne le produit attendu et le produit obtenu.

L'atelier B doit compte des 9,100 des matières qu'il a reçues et dans la même case. Je lui fais rendre compte des produits en provenant. Il est quitte ici de cette comptabilité , en transmettant ses produits partie à l'atelier de décomposition , partie au magasin , partie au raffinage.

C'est donc le cas de les porter au débit de ces trois comptes. Ce qui opère la décharge entière de l'atelier B , c'est l'indication de ces trois autres débiteurs qui ont pris sa place ; aussi cette indication se porte-t-elle au crédit de l'atelier B de distillation , au moment où l'on en débite l'atelier de décomposition , le magasin et le raffinage.

On pourroit à la rigueur écrire jour par jour les opérations de la main courante, et les porter de même jour par jour au journal ; mais ce seroit augmenter la besogne inutilement , il vaut mieux attendre un mois pour dresser son journal en masse de toutes les opérations exécutées dans le mois.

L'atelier C' de décomposition est débiteur comptable de 940 de liqueur et de 5 matières premières, il les convertit en un sel brut et en un autre qui compose le deuxième produit principal vendable , il repasse le sel brut à l'atelier de raffinage , et le deuxième produit au magasin.

L'atelier de raffinage C″ doit, 1.º compte du sel brut de l'atelier de décomposition ; 2.º du carbonate et de l'huile brute reçus de l'atelier de distillation : il en est déchargé en les raffinant et passant leur produit partie à l'atelier de torréfaction , et partie au magasin.

L'atelier C‴ de torréfaction doit compte des sels raffinés qu'il tient de raffinage , il est déchargé en passant au magasin les produits qu'il a torréfiés.

Le magasin des produits a pris en charge les 5 espèces de produits, et il les envoie à la vente à la maison de commerce E , et il n'est comptable que de ce qui peut lui en rester non envoyé.

Tous ces débiteurs, dans le style des parties doubles , seroient énoncés devoir ce qu'ils ont reçu aux ateliers qui leur ont transmis , ou plus obscurément encore , ce seroit la matière 1.re qui devroit au magasin , ce seroit la liqueur qui devroit à l'atelier de distillation, ce seroit le sel marin et l'acide qui devroient au magasin , ce seroit le sel brut qui devroit au raffinage. Ce sont de fausses énonciations peu intelligibles ; beaucoup de négocians refusent de les entendre, et de se prêter à des fictions par lesquelles les choses se doivent l'une à l'autre ; car la chose qui fait l'objet d'une comptabilité ne peut pas être comptable d'elle-même envers une autre matière, il est bien plus naturel de supposer des préposés comptables des matières vis-à-vis le propriétaire , ou tout autre, tels qu'un chef d'atelier, de magasin, un caissier, un gardien de portefeuille ; et c'est avec de telles dénominations que l'on entendra les mouvemens de toute comptabilité possible , en convertissant tout ce qu'on appelle comptes généraux en comptes personnels.

### Du Grand Livre.

Il contient le tableau des substances reçues par les deux magasins et les quatre ateliers, qui seuls ont figuré dans le journal , et il doit contenir la réunion des additions que l'on en auroit faites tous les mois , tel que celui qui est ici proposé pour exemple contient les additions des deux mois ; il peut servir à constater qu'il n'y a eu aucunes avaries majeures qui aient contribué à la diminution des produits ou à les désigner.

Ainsi

Ainsi, au lieu de décharger l'atelier débiteur, en indiquant la livraison qu'il a faite à tout autre atelier, on opère également sa décharge, en indiquant les quantités qui seroient sorties par fait de vol, ou détruites par suite d'incendie ou d'inondation, ou autre accident.

### Du Bilan.

Il n'y a pas lieu d'obtenir de bilan dans cette troisième nature de compte, puisque tous ces articles se balancent par sommes égales, et que la décharge d'un compte s'opère par la seule sortie de la matière qui en fait l'objet.

### De la Série des Débiteurs, dans une Manufacture.

Si on veut se faire une idée de son ensemble, elle est décrite dans le tableau ci-après, page 83, depuis le moment où le capitaliste verse ses fonds pour achat de matière, jusqu'au moment où ils lui rentrent par la vente des marchandises fabriquées.

La caisse est le premier débiteur envers le capitaliste : on achète des matières dont l'entreprise est comptable et dont les vendeurs sont crédités.

Les vendeurs des substances de toute nature servant à la fabrication fournissent leur mémoire, ils en sont crédités.

Le gérant paie les frais, les loyers, les intérêts, les appointemens et autres, il en est crédité, et l'entreprise en est débitée.

Les entrepreneurs et les marchands vendeurs de métaux et de matériaux fournissent leur mémoire ; ils en sont crédités, et l'entreprise en est débitée ; c'est ici que l'on voit que le débit de l'entreprise dont elle doit rendre compte, forme une somme égale à celle du montant des mémoires et des dépenses qui sont ici de 64,642 fr.

Tous ces fournisseurs sont débités des différens paiemens qu'ils reçoivent acompte ou pour solde. L'entreprise est aussi créditée des marchandises que reçoit la maison de commerce. Les acheteurs sont débités des livraisons qui leur sont faites et ensuite crédités des paiemens qu'ils effectuent ; cela compose la première partie du compte en argent dont la reprise a lieu après la reddition des comptes de l'entreprise.

Le premier compte de l'entreprise est celui en nature ; il a pour objet de déterminer quelle est dans la dépense la partie employée dans la fabri-

K

cation , quelle est celle dont la valeur est inventoriable, et quel est le prix revenant des substances fabriquées.

Le second compte de l'entreprise est celui des matières premières ; il a pour objet de déterminer la quotité de celles qui sont employées, leur mouvement dans les divers ateliers , et les produits qui en sont résultés.

Ces matières premières sont passées par le magasin à l'atelier B qui s'en charge ( *Voyez* pag. 80 ). Le magasin de l'entreprise en est libéré d'autant. L'atelier B passe à l'atelier C', qui s'en charge, ainsi qu'au magasin et au raffinage , les produits intermédiaires obtenus, et l'atelier B s'en trouve libéré.

L'atelier C' se libère en passant ses produits à l'atelier C'' et au magasin.

L'atelier C'' se libère en passant ses produits à l'atelier C''' et au magasin.

L'atelier C''' se libère en passant les produits vendables au magasin de marchandises fabriquées.

L'entreprise est déchargée des deux comptabilités en nature et en matière décomposée aux ateliers par le compte qu'elle en rend sur les bases ci-dessus.

On voit ici que le débit en argent de l'entreprise est établi au compte en argent , indépendamment des autres comptes personnels de tous les fournisseurs; que les deux autres comptabilités lui succèdent , et ce n'est qu'après leur apurement, que la comptabilité en argent reprend et termine son compte.

Le magasin D des marchandises fabriquées se libère, en les envoyant à la maison de commerce ᴇ , qui s'en libère en les vendant, et l'acheteur s'en libère en les payant à la caisse en argent ou en effets de portefeuille , et la caisse s'en libère en remettant les fonds ou les effets au capitaliste ( *Voy.* pag. 84 ). Cette dernière partie compose la reprise du compte en argent.

# TABLEAU DU REGISTRE

## DE L'EMPLOI DES MATIERES ET DES PRODUITS OBTENUS.

## TABLEAU DU REGISTRE de l'emploi

| DATES. | 1. MATIÈRE, 1.re sorte. | 2. MATIÈRE, 2.e sorte. | 3. MATIÈRE, 5.e sorte. | 4. LIQUEUR. |
|---|---|---|---|---|
| Janvier. 4 | 5,000ll | 0lb | 0ll |  |
| 7 | 2,500 | 300 | 40 | 500.... |
| 11 | 500 | 158 | 20 | 250.... |
| 15 | 500 | 30 | 4 | 50.... |
| 23 | 100 | 50 | 8 | 65.... |
| 30 | 500 | .6 | 1 | 19.... |
| Février. 5 | 600 | 58 | 6 | 56.... |
| 9 | 5,000 | 58 |  | 115.... |
| 13 | 2,500 | 300 | 40 | 500.... |
| 17 | 500 | 150 | 20 | 250.... |
| 21 | 500 | 30 | 4 | 50.... |
| 25 | 100 | 30 | 8 | 65.... |
| 28 | 500 | 6 | 1 | 19.... |
| Mars. 4 |  | 56 | 6 | 56.... |
| 8 | .... | .... | .... | .... |
| 12 | .... | .... | .... | .... |
| 16 | .... | .... | .... | .... |
|  | 18,800 | 1,142 | 158 | 1,995 |
| Mars. 4 | 7,000 |  |  |  |
| 8 | .... | ....420 | ....56 | ...635.... |
| 12 | .... | .... | .... | .... |
| 16 | .... | .... | .... | .... |
| 20 | .... | .... | .... | .... |

*Nota.* Les pages de ce registre doivent être tracées au crayon par des lignes horizontales plus espacées, ce qui facilitera à l'œil de marquer et suivre les consommations et les produits de chaque jour.



## des Matières et des Produits obtenus.

| 5. CARBON.té brute. | 6. HUILE brute. | 7. RÉSIDU. | 8. SEL brut. 1.er Prod. | 9. 2.e PROD. | 10. SEL raffiné. 1.er Prod. | 11. SEL torréf. 1.er Prod. | 12. CARBON.te raffiné. | 13. HUILE distillée. | DATES. |
|---|---|---|---|---|---|---|---|---|---|
| .... | .... | 190ll |  |  |  |  |  |  | 4 |
| .... | .... | 95 | 200 | 120ll |  |  |  |  | 7 |
| .... | .... | 19 | 100 | 60 | 150ll |  |  |  | 11 |
| .... | .... | 22 | 20 | 12 | 75 | 90ll |  |  | 15 |
| .... | .... | 6 | 17 | 12 | 15 | 45 |  |  | 23 |
| .... | .... | 19 | 3 | 2 | 20 | 9 |  |  | 30 |
| .... | .... | 41 | 22 | 10 | 3 | 8 |  |  | 5 |
| .... | .... |  | 120 | 72 | 16 | 2 |  |  | 9 |
| .... | .... | 00 | 200 | 120 | 90 | 9 |  |  | 13 |
| .... | .... |  | 100 | 60 | 150 | 60 |  |  | 17 |
| .... | .... |  | 20 | 12 | 75 | 90 |  |  | 21 |
| .... | .... |  | 17 | 12 | 15 | 45 | 210 | 55 | 25 |
| .... | .... |  | 3 | 2 | 20 | 9 |  |  | 28 |
| 190 | 150 |  | 22 | 10 | 3 | 8 |  |  | 4 |
| .... | .... | .... |  |  | 16 | 2 |  |  | 8 |
| .... | .... | .... |  |  |  | 9 |  |  | 12 |
| .... | .... | .... |  |  |  |  |  |  | 16 |
| 190 | 150 | 592 | 844 | 504 | 648 | 586 | 210 | 55 |  |
| .... |  |  |  |  |  |  |  |  | 4 |
| .... |  | 252 |  |  | .... | .... | .... | .... | 8 |
| .... |  |  | 280 | 148 | .... | .... | .... | .... | 12 |
| .... |  |  |  |  | 210 | .... | .... | .... | 16 |
| .... |  |  |  |  |  | 120 | .... | .... | 20 |

TABLEAU DES PROPORTIONS, *relevé sur les Opérations
pour servir de base à toutes les Opérations courantes et
vis-à-vis de lui-même, pour comparer ce qu'il a obtenu en
moyen de ses produits.*



*dont on a suivi les résultats, et que l'on a noté avec soin,
vérifier leur rendement, dont le chimiste se constitue débiteur
plus ou moins des quantités qu'il a adoptées pour terme*

| DATES. | 1.<br>1.re MAT. | 2.<br>2.e MAT. | 3.<br>3.e MAT. | 4.<br>LIQUEUR, mat. 1.re | 5.<br>CARBON.te brute. | 6.<br>HUILE brute. | 7.<br>RÉSIDU. | 8.<br>SEL brute. | 9.<br>2.me produit. | 10.<br>SEL raffiné. | 11.<br>SEL torréfi. | 12.<br>CARBON.te raffiné. | 13.<br>HUILE distillée. |
|---|---|---|---|---|---|---|---|---|---|---|---|---|---|
| Janv. 4 | 5,000 | 300 | 40 | 500 | | | 190 | 200 | 120 | 150 | 90 | | |
| Févr. 7 | 2,500 | 150 | 20 | 250 | | | 95 | 100 | 60 | 75 | 45 | | |
| Mars. 11 | 500 | 30 | 4 | 50 | | | 19 | 20 | 12 | 15 | 9,90 | | |
| Avril. 15 | 500 | 50 | 8 | 65 | | | 22 | 17 | 12 | 20 | 8 | | |
| Mai. 25 | 100 | 6 | 1 | 19 | | | 6 | 5 | 2 | 5 | 2 | | |
| Juin. 30 | 500 | 36 | 6 | 56 | | | 19 | 22 | 10 | 16 | 9 | | |
| 1.re lig. | 9,100 | 552 | 79 | 940 | 200 | 100 | 351 | 362 | 216 | 279 | 165 | 105 | 55 |
| 2.e | 5,582 | 338 | 48 | 576 | | | 215 | 222 | 132 | 109 | 100 | | |
| 3.e | 4,188 | | | | | | | | 100 | | | | |
| 4.e | 100 | 6 | | 1,32 | | | 5,85 | 5,97 | 2,37 | | 1,79 | 1,15 | 54 |
| 5.e | | 100 | | | | | | 65,55 | 39,13 | 50,56 | 29,34 | | |
| 6.e | | | | 100 | | | | 56,17 | 23 | 29,66 | 17,25 | | |
| 7.e | | | | | | | | 100 | | 77 | 45 | | |
| 8.e | | | | | | | | | | 100 | 58,42 | | |

NOTA. On n'a établi de calcul dans ce Tableau que sur les objets qui présentent un inté-
rêt réel dans leur comparaison.

Ces proportions ne présentent ici à l'œil qu'un tableau confus et difficile à suivre, ce
qui n'a jamais lieu dans un registre dont les pages sont tracées au crayon par des lignes
horizontales et suffisamment espacées.

## Compte du Rendement des Produits.

Journal indicateur, ou résumé des opérations de chaque jour ( pour un mois ).

**Le Magasin A des Matières**

a reçu,
Matière principale, 9,100^lb
Sel. 552
Acide, 79
Sulfate de chaux, 100

---

**L'Atelier B, de distillation**

a reçu,
Matière, 9,100^lb
Il attendoit en liqueur, 910
Il a obtenu,
En liqueur, 940^lb
Boni, 50
Résidu, 551
Huile, 100
Carbonate, 200

**Le Magasin A**

a passé à l'atelier de distillation, matière, 9,100^lb
à l'atelier de décomp.on, sel, 552
id. Acide, 79
id. Sulfate de chaux, 100

---

**L'Atelier C' de décomposition**

a reçu,
Liqueur, 940
Sel c.e ( matière ) 552
Acide c.e matière 1.re, 79
Sulfate de chaux, 100
Il les a convertis en sel
brut, 562^lb
Il en attendoit, 372
Déficit, 10
Et en un 2.e produit, 216^lb

**L'Atelier B de distillation**

a passé à l'atelier de décomposition, liqueur, 940^lb
au magasin, résidu, 551
au raffinage, huile, 100
au raffinage, carb. 200

---

**L'Atelier C" de raffinage**

a reçu
562 lb sel brut,
200 lb carbonate,
100 huile brute,
Il a obtenu pour sel raffi. 179^lb
Il attendoit en sel raffiné 180
Déficit, 1
Il a obtenu 105 lb carbonate,
55 huile brute,

**L'Atelier C' de décomposition**

a passé au raffinage, sel brut, 562^lb
au magasin le 2.e produit, 216

C"



**Atelier C''' de torréfaction.**

a reçu
179 de sel raffiné qu'il a tor-
réfié.
Il a obtenu 163 1.er produit.
Il attendoit 135
Déficit. 28

**Atelier C" de raffinage.**

a passé
à l'atelier de torrefaction,
sel raffiné, 179
Au magasin, carb. raffiné, 105
Au magasin, huile raffinée, 55

---

**Le Magasin D des produits.**

a reçu
Résidu charbon, 551
Carbonate raffiné, 105
Huile distillée, 55
Sel 1.er produit, 163
Sel 2.e produit, 216

**Atelier C''' de torréfaction.**

a passé au magasin,
sel 1.er produit, 163

---

**Magasin E de commerce.**

a reçu
Les produits,
Et est chargé de rendre compte
de la vente.

**Le Magasin D des produits.**

est libéré par l'envoi qu'il
a fait de la majeure partie
des produits à la maison
de commerce, et il de-
meure chargé de ce qui
lui reste d'inventoriable.

### GRAND LIVRE du Compte de rendement des produits.

| Le Magasin A. | Doit. | Avoir. |
|---|---|---|
| a reçu | | a passé à l'atelier de |
| 9,100^lb d'os, | | distillation, 9100 d'os. |
| | | passé à l'atelier de |
| 552 sel, | | décomposition, 552 sel. |
| | | passé à l'atelier de |
| 79 acide, | | décomposition, 79 acide. |
| | | passé à l'atelier de |
| 100 sulf. de ch. | | décomposition, 100 sulf. de ch. |

L

| Doit. | Avoir. |
|---|---|

**L'atelier B de dist. de matière.**
9,100 de matières qu'il a con-verties en liqueur, 940ᵇ
Résidu,     351ᵇ
Huile,     100ᵇ
Carbonate,     200ᵇ

a passé à l'atelier de décom-position les     940 liq.
passé au magasin,   351 résid.
passé au raffinage,   100 huil.
passé à l'atelier raff. 200 carb.

---

**Atelier C' de décomposition.**
940 liqueur, ⎫
552 sel marin, ⎪ Il les a conver-
79 acide,    ⎬ tis en sel brut
100 sulf. de ch. ⎪ et sel, 2.ᵉ pro-
       ⎭ duit.

**C'**
passé à l'atelier de
    raffinage,     362 sel b.
passé au magasin,   216 2.ᵉ pr.
       de sulf. de soude.

---

**Atelier C'' de raffin. des prod.**
362 sel brut, ⎫
200 carbona. ⎪ Il les a conver-
100 huile br. ⎬ tis en sel raffin.
       ⎪ carbon. raffinée,
       ⎭ huile distillée.

**C''**
passé à l'atelier de
    torréfaction,   279 sel raf.
passé au magas., 105 carb. raf.
passé au magas., 55 huil. dist.

---

**Atel. C''' de torréfaction, sublima-tion ou calcination.**
279 sel raffiné qu'il a reçu.

**C'''**
a produit,     165 sel tor.
envoyé au magasin.

---

**Le Magasin D.**
351 résidu charbonneux,
105 carbonate raffiné,
55 huile distillée,
165 sel torréfié,
216 sel 2.ᵉ produit,

Il les a envoyés à la maison de commerce, ou demeure chargé de ce qui peut lui en rester.

---

NOTA. Le résumé de cette succession de matières employées et de produit obtenu est tracé dans une seule ligne page 78, contenant 6 mois de travail.

# TABLEAU des *DÉBITEURS SUCCESSIFS*
## dans une *Manufacture.*

|  | Doit. | | Avoir |
|---|---|---|---|
| **COMPTE EN ARGENT.** | LA CAISSE.<br><br>L'ENTREPRISE comptable de toutes ces dépenses générales. . . . . . . . . . . 64,642<br><br>Dont elle doit deux comptes, celui en nature, celui en matières qui comprend leur mouvement dans les ateliers. | LE CAPITALISTE.<br>LES VENDEURS de substance et matière de toute nature. . . 15,003<br><br>LE GÉRANT, créditeur de frais; ouvriers, loyers, intérêts, appointemens, prélèvement, voiture, fourrage . . . . . . . . 6,180<br><br>LES ENTREPRENEURS, marchands ou fournisseurs pour les constractions, créditeurs de leur mémoire, tels que maçons, serruriers, etc. . . . . . . . . . 18,980<br><br>LES MARCHANDS, vendeurs de métaux et matériaux, créditeurs de leurs mémoires. . . . . . 24,479 | |
|  |  |  | ——— |
|  |  |  | 64,642 |
| **COMP. EN NAT.** | LE GÉRANT, qui est tenu de la comptabilité en nature, s'en acquitte en indiquant la partie inventoriable et le prix coûtant des produits, ainsi que celui des fourneaux, bâtimens et ustensiles. *Voy.* pag. 63 et 66. | L'ENTREPRISE est déchargée du compte en nature des dépenses générales. | |
| **COMPTE EN MATIÈRE.** | L'ENTREPRISE en doit un compte particulier, celui du mouvement de ces matières. 6,913 | LE VENDEUR des substances servant à la fabricat. mat. 1.<sup>re</sup> 4,800<br>Acide. . . . . . 683<br>Sel . . . . . . . 1,430 | |
|  |  |  | ——— |
|  |  |  | 6,913 |
|  |  | L'ENTREPRISE est déchargée du compte du mouvement des matières qui est rendu par chaque atelier. *Voy.* pag. 76, 78 et 80. | |
|  | B  L'ATELIER. | B  Atelier. | |
|  | C'  L'ATELIER. | C'  Atelier. | |
|  | C''  L'ATELIER. | C''  Atelier. | |
|  | C'''  L'ATELIER. | C'''  Atelier. | |
|  | D  MAGASIN. | | |

<table>
<tr><td rowspan="9" style="writing-mode:vertical-rl">REPRISE DU COMPTE EN ARGENT.</td><td colspan="2">*Doit.*</td><td colspan="2">*Avoir.*</td></tr>
<tr><td>E  MAISON de Commerce, ou son Magasin . . .</td><td>20,000</td><td>D  Le Magasin de la fabrique représentant l'Entreprise débitrice du compte en argent.</td><td>20,000</td></tr>
<tr><td>L'ACQUÉREUR.</td><td>26,000</td><td>E  Maison de Commerce ou son Magasin . . . . . . . . . .</td><td>20,000</td></tr>
<tr><td>LA CAISSE ou Porte-feuille.</td><td>26,000</td><td>L'Acquéreur.</td><td>26,000</td></tr>
<tr><td>LE CAPITALISTE.</td><td>26,000</td><td>La Caisse ou le Porte-feuille.</td><td>26,000</td></tr>
<tr><td>L'ENTREPRISE à nouveau.</td><td>44,642</td><td></td><td></td></tr>
<tr><td></td><td>70,642</td><td></td><td></td></tr>
<tr><td>Fonds rentrés,</td><td>6,000</td><td></td><td></td></tr>
<tr><td>Fonds primitifs,</td><td>64,642</td><td></td><td></td></tr>
</table>

La somme dont l'entreprise reste à nouveau débiteur, qui est ici de 44,642 fr. se joint au capital de 20,000 rentré par caisse pour réintégrer la même somme des fonds primitifs ; et l'excédent de 6,000 reste entre les mains du capitaliste qui commence ainsi à rentrer dans ses fonds par les seuls bénéfices ; et ce n'est qu'au bout de plusieurs années que les fonds primitifs lui rentrent en totalité en caisse, et qu'il retrouve alors son bénéfice dans l'établissement existant, dont les valeurs se composent des bâtimens, fourneaux, ustensiles, recouvremens et valeurs en caisse ou en porte-feuille.

On pourrait ajouter à ce tableau et pour le compléter : 1.° Les débits des vendeurs de matières et substances pour les paiemens à compte qui leur sont faits, ainsi que les crédits de la caisse du porte-feuille, ou des lettres et billets qui en résultent ; 2.° Le crédit de l'entreprise pour les marchandises qui entrent au magasin E de la maison de commerce, et dont on débite ce magasin E, le tout ainsi qu'on l'a opéré page 14, au Journal de la colle forte, sauf à la fin de l'année à clore et arrêter le journal en argent et à établir le complément du journal comme on l'y a effectué, ainsi que dans le tableau ci-dessus en reprenant l'ensemble des divers débits du magasin, y joignant les marchandises non envoyées, s'il y en avait, inscrire ces débits au prix coûtant indiqué par l'entreprise, et le balancer par le crédit de ladite entreprise ; ensuite débiter la masse des acquéreurs ou commissionnaires et du magasin, s'il reste des marchandises invendues, le tout au prix des ventes effectuées ; créditer le magasin au prix revenant dont il a été débité, ce qui donne le bénéfice effectué.

Le lecteur pourra suppléer à cette omission dans le tableau.

Je suis loin de penser qu'il soit nécessaire de tenir au complet ces registres des deux comptabilités en nature et en matière. Le journal de la 1re comptabilité peut suffire ; ce n'est qu'autant qu'on voudrait se procurer des résultats sévères et qu'on en aurait le loisir, que l'on pourrait mettre les autres au complet chaque semaine ou chaque mois : mais il est à observer que ce travail pourrait ne se faire que tous les ans pour le mouvement des matières, de sorte qu'en réunissant les douze additions de chaque mois, le journal et le grand livre ne tiendroient pas plus de place que les cases du présent imprimé, pages 80, 81 et 82 ; il n'y aurait de différence que par la quantité des chiffres, de sorte que deux pages d'un registre suffiraient pour établir le journal et le grand livre d'une année.

# DÉVELOPPEMENT SOMMAIRE

# DE LA MÉTHODE DE JONES;

APPLIQUÉE A DES COMPTES SIMULÉS EN PARTIES DOUBLES.

---

1. *Débitez celui qui doit.*

2. *Créditez celui à qui il est dû.*

3. *Ouvrez des Comptes aux personnes et non aux choses.*

4. *Ouvrez des Comptes au contenant et non au contenu.*

5. *Décrivez toutes Actions telles qu'elles se sont passées et dans leur ordre.*

6. *Supprimez, si bon vous semble, le Débit et le Crédit des comptes jugés inutiles à établir au Grand Livre ; par là vous expliquerez la position au Journal d'une manière intelligible pour tout le monde.*

---

**NOTA.** Quelques personnes m'ont observé que j'aurois dû donner un développement au moins sommaire de la *Méthode de Jones,* que j'ai appliquée aux opérations simulées d'une Fabrique de colle forte, dans le présent ouvrage.

Si je ne l'ai pas fait, c'est que la même personne, qui m'a engagé à publier cet ouvrage sur les Livres d'une Manufacture, m'avoit dissuadé de faire aucune digression sur la Tenue des Livres de Commerce, attendu qu'il y avoit beaucoup de Méthodes publiées en ce genre; aussi je ne me propose pas de donner ici un Traité à ce sujet; je vais seulement exposer les motifs qui me font adopter une forme de Journal non usitée, comme préférable à toute autre, et donner une courte description du plan de ce Journal. Les détails dans lesquels j'entrerai intéresseront, à ce que je crois, ceux qui ont entre les mains les ouvrages que j'aurai lieu de citer, qui sont ceux de Ed. Desgranges, Garnier, Delorme, Jones et Gérard.

# DÉVELOPPEMENT SOMMAIRE

## DE

# LA MÉTHODE DE JONES,

*Appliquée à des Comptes simulés en parties doubles.*

Lorsque la Méthode de E. T. Jones parut en 1803, j'en pris une légère connoissance à la lecture.

Je vis qu'il réduisoit toute la méthode de la tenue des livres à *ranger les écritures en deux colonnes, l'une représentant l'actif, et l'autre représentant le passif.* Ce fut un trait de lumière et de génie qui me frappa, et je désirai pouvoir appliquer cette méthode aux parties doubles des comptes personnels et généraux de commerce, ainsi qu'aux comptes d'une manufacture.

Je diffère en cela de l'opinion de M. Delorme, (en son Nouveau Système de la Tenue des livres d'après Jones, publiée en 1808), où il est dit page 12 : » Nous rejettons l'application du principe de Jones aux parties dou- » bles, ce seroit nous contredire, si nous approuvions un journal dressé » en parties doubles ». Et plus loin, page 14 : » Tous les comptes géné- » raux ne doivent être ni débités ni crédités au journal. En les y admet- » tant, tous les articles seroient en parties doubles, et l'avantage de » pouvoir connoître sa situation tous les jours disparoîtroit, puisqu'on » ne peut l'obtenir, d'après l'idée heureuse de Jones, qu'en prenant » la différence qu'on doit trouver entre les débiteurs et les créditeurs » personnels. » Les journaux que j'ai dressés démontrent le contraire.

Je n'ai pu réaliser ce projet qu'en mars dernier. (1)

Je crois avoir réussi à l'appliquer aux parties doubles, dans les comptes dits généraux, marchandises, caisses, lettres et billets à payer, lettres et billets à recevoir, profits et pertes, de manière à obtenir le bénéfice sur

---

(1) Il me falloit un grand loisir ; je ne trouvai jamais le moment opportun. Lorsque l'accident d'une chute me força de garder long-temps la chambre, ne me laissant que l'usage de la pensée, dans une étendue bien plus que suffisante à mes affaires, je profitai de ce loisir pour étudier cette Méthode de Jones, et la comparer aux autres.

( 87 )

toute espèce d'opération , telle qu'achat, vin , draps , alisaris , matière
d'or, change , société à participation , habitation , navire , frétage , cargaison , manufacture et exploitation de fermages.

La seule différence , c'est que je tire les profits et pertes à mesure
qu'ils se présentent , et que j'emploie la valeur des marchandises vendues au prix de ce qu'elles ont coûté , au lieu de les employer au
prix de vente.

On peut cependant les employer au prix de la vente, ( comme je
l'ai fait en transportant la main courante au journal dans les comptes
simulés de Monsieur E. Desgranges , ci-après; ) mais le travail n'en est
pas aussi simple. J'intitule magasin , porte-feuille, payeur des lettres
et billets , ce que d'autres intitulent marchandises, lettres et billets
à payer ou recevoir. Je transforme ces comptes généraux en comptes
personnels, je trouve que l'on s'entend bien mieux et sur-tout que l'on
se fait mieux entendre aux autres , et l'admission de ces comptes généraux ne portant que des sommes égales , tant à l'actif qu'au passif,
n'influe en rien dans la balance résultante des comptes personnels
qui reste toujours la même. Car à deux quantités inégales étant ajoutées
des quantités égales , la différence ne change pas.

Je n'ouvre point de compte aux profits et pertes, il se trouve fait
avec le journal. Et il comprend la généralité des bénéfices et pertes,
depuis la moindre somme jusqu'à la plus forte , tandis que ce compte
n'en comprend dans la tenue des livres adoptée que les menus objets.

Avec ces légers changemens, j'obtiens l'actif et le passif balancés à
chaque endroit des folio où il me plaît d'avoir une balance comme celle
de Jones, et elle se trouve correspondante à celle des profits et pertes,
et comprend l'état présumé de ce qui doit se trouver en magasin au prix de
facture, le tout avant la confection du grand livre, qui doit donner le
même résultat dans le bilan , et qui donne de plus l'état balancé de la
caisse du porte-feuille des effets à payer , du magasin et des comptes personnels des débiteurs et créditeurs.

On peut voir ce mode établi dans le journal du compte en argent de
la colle forte , page 8.

Pour me prouver à moi-même le rigoureux de cette méthode , j'ai en-
trepris de refaire par ce procédé toutes les opérations d'un manuscrit
qu'un de mes amis me procura comme un modèle de tenue des livres

en parties doubles ; je ne me trouvai pas d'accord avec son bilan, dans lequel je reconnus qu'il existoit des fautes d'addition , ainsi que dans la caisse , les profits et pertes et un des comptes personnels: alors je refis le même travail sur les opérations simulées de l'ouvrage très-estimé de E. Desgranges, je pris le texte de sa main courante, (sans consulter à chaque fois le mode d'emploi en son journal pour établir le mien). Ce ne fut qu'à la fin que je comparai les résultats, et je les trouvai de même bien différens. Il annonce , page 159 de l'édition de 1816, 180,534 de bénéfice pour la 1.re série des opérations simulées , et je n'ai trouvé après la clôture de mon journal que 76,329.

Il trouve 326,000 ( pag. 201 et 138 ) pour les marchandises en magasin, et je n'y ai trouvé que 224,000 fr.

Je passai à la confection du grand livre, après quoi je comparai les comptes des deux grands livres , et j'y reconnus plusieurs causes de nos différences.

Pour me rendre raison si ces différences ne venoient pas du procédé dont j'avois fait l'application avec si peu de réussite , je pris deux autres ouvrages aussi très-estimés , celui de Garnier, celui de Delorme ; j'ai exécuté le même travail , je me suis trouvé absolument d'accord avec eux pour la balance de tous les comptes sans aucune différence. Mon journal et mon grand livre en font foi.

Désirant prouver ici que je ne me suis pas avancé légèrement dans cette annonce, je vais rendre un compte sommaire des balances coïncidentes que j'ai obtenues dans l'analyse de ces deux ouvrages , et de celles que j'ai trouvées différentes dans les opérations simulées de Ed. Desgranges.

J'y joindrai les balances coïncidentes que j'ai aussi obtenues dans l'analyse que j'ai faite de l'ouvrage de M. E. T. Jones et de M. Gérard de Marseille, avec lesquels je me suis trouvé également d'accord.

TABLEAU

# TABLEAU

## DES BALANCES OBTENUES

*Dans les trois ouvrages de Garnier, Delorme et Desgranges.*

L'addition de l'actif du journal de l'opération simulée de Monsieur Garnier, édition de 1815, monte suivant moi à . . . . . . 1,777,725

Le passif monte à . . . . . . . . . . . . . . . . . . . . . . . . . . . 1,540,325

Différence, . . . . . . . . . . . . . . . . . . . . . . . . . . . . . . . 237,400

Capital à prélever, . . . . . . . . . . . . . . . . . . . . . . . . . . 198,200

Bénéfice pareil au sien. . . . . . . . . . . . . . . . . . . . . . . . 39,200

*Résumé des bénéfices suivant les petites colonnes.*

Bénéfice sur marchandise, . . . . . . . . . . . . . . . . . . . 24,400

    sur escompte, . . . . . . . . . . . . . . . . . . . . . . . . . . 65

    sur change, . . . . . . . . . . . . . . . . . . . . . . . . . . . 820

    sur matière d'or, . . . . . . . . . . . . . . . . . . . . . . 4,375

    sur marchandise à participation, . . . . . . . . . . 4,000

    sur grosse aventure, . . . . . . . . . . . . . . . . . . 7,500

    sur commission, . . . . . . . . . . . . . . . . . . . . . 640

    sur cargaison, . . . . . . . . . . . . . . . . . . . . . 20,000

                                            61,800

Perte sur assurance, . . . . . . . . . . . . . . . . . . . 18,000

Dépense, . . . . . . . . . . . . . . . . . . . . . . . . . . . 3,400

Frais, . . . . . . . . . . . . . . . . . . . . . . . . . . . . . 1,200

             Total, . . . . . . . . 22,600   22,600

       Bénéfice pareil, . . . . . . . . . . . . . . . . . . . . 39,200

Les débits du grand livre se montent à . . . 1,842,510

Les crédits à, . . . . . . . . . . . . . . . . . . . . . . 1,605,110

Différence parcille à celle du journal, . . . . . 237,400

Actif ou déb. des balan. des comp.<sup>les</sup>, 309,180

Passif ou crédits desdites, . . . . . . . . 71,780

Différence pareille au journal, . . . . . 237,400

M

L'addition de l'actif du journal des opérations simulées de Monsieur
   Delorme m'a donné , . . . . . . . . . . . . . . . . . . . . . . .715,038
Le passif , . . . . . . . . . . . . . . . . . . . . . . . . . . . . .696,828

Bénéfice , . . . . . . . . . . . . . . . . . . . . . . . . . . . . . . 18,209,81 c.

La somme des profits , . . . . . . . . . . . . . . . . . .21,646
Celle des pertes , . . . . . . . . . . . . . . . . . . . . . .4,436
Somme pareille au bénéfice , . . . . . . . . . . . . . 18,209
Les débits du grand livre se montent à . . . .700,039
Les crédits à . . . . . . . . . . . . . . . . . . . . . . .681,830
Bénéfice , . . . . . . . . . . . . . . . . . . . . . . . . 18,209

Les balan. activ. des comp.<sup>tes</sup> se mont. à 115,136
Les balances passives à · · . . . · · . . . ·96,927
Bénéfice , · · . . . . · · . . . . . . . · . .18,209

Dans les comptes simulés du traité manuscrit que j'ai analysé en premier lieu, j'ai aussi trouvé une même somme de 4,977 fr. dans les doubles
balances du journal et du grand livre.

Le bénéfice annoncé suivant l'ouvrage , n'est que de 5,493.

Il y a faute d'addition à cinq des comptes du grand livre , savoir:
à ceux de la caisse, des marchandises, des profits et pertes de la balance
de sortie , et d'un correspondant de Chevigny.

Il y a trois erreurs dans le passage de la main courante, au grand
livre. La 1.<sup>re</sup> est qu'on a payé 9,000 pour marchandises achetées à compte
un quart de bénéfice avec trois correspondans, Lagarique, Crequy et
Chevigny : on auroit dû créditer la caisse de la somme entière , ou ne l'a
créditée que du quart 2,250 fr. , et on a crédité les correspondans des
autres trois quarts pour 67,000.

La 2.<sup>e</sup> qu'on a vendu au comptant à Lagarigue des laines pour 2,081 fr.
et par la position au journal on a operé comme si la vente en eût été
faite à crédit , en débitant Lagarigue au lieu de le créditer et d'en débiter
la caisse.

La 3.<sup>e</sup> que le compte des marchandises générales a été débité de la
somme entière de 4,680 pour velours achetés à compte à demi avec

Besson, et lors de la vente, le compte des marchandises n'a été crédité que de la moitié.

Il y a encore quelques autres différences entre les positions que j'ai faites au journal avec celles que l'auteur du manuscrit a adoptées dans le sien, mais elles dépendent des interprétations différentes que l'on peut donner à des conventions non suffisamment développées dans la main courante. C'est ce qui m'autorise à croire que les erreurs les plus fréquentes dans la tenue des livres proviennent des fausses positions au journal, tandis que l'on ne s'attache le plus particulièrement qu'à la difficulté de convertir exactement et sans faute tout le journal en la forme du grand livre. Le journal étant vicieux, son exacte parité avec le grand livre ne peut faire retrouver l'erreur ( *Voyez* ce qu'en dit la Méthode simplifiée de Jones , page 21 : *Balancer les livres du premier coup*, etc. )

---

J'ai opéré par la même méthode dans les comptes simulés de Ed. Desgranges , ainsi qu'on le voit ci-après.

### *Inventaire du Magasin au prix de facture.*

Prix des marchandises achetées. . . . . . . . . . . . . 389,360

Frais de transport. . . . . . . . . . . . . . . . . . . 1,780

                                                 391,140

Marchandises restantes. . . . . . . . . . . . . . . . . 224,600

Prix de facture des marchandises vendues. . . . . . . . 166,540

Montant des ventes effectuées. . . . . . . . . . . . . . 189,156

Bénéfice sur les marchandises. . . . . . . . . . . . . . 22,616

Le bénéfice sur les marchandises n'a pu se trouver compris dans la balance des deux colonnes actives et passives du journal, et des deux petites colonnes de profit et perte, parce que les marchandises n'ont été employées au crédit du magasin, lors de leur sortie, que sur le pied des ventes effectuées et non sur celui de l'achat primitif ; ce qui a nécessité un inventaire séparé du magasin, tandis que cet inventaire se trouve tout fait au compte ouvert au magasin sur le grand livre, quand on a employé dans le journal les marchandises sorties au crédit du magasin sur le pied de la facture de l'achat.

## Relevé des Profits et Pertes.

| | | | |
|---|---|---|---|
| 37. | Donation. | 20,000 | |
| 45. | Escompte Martin. | 348 | |
| 46. | Escompte de la vente des 29 tonneaux. | | 596 |
| 48. | Escompte payé par Dupuy | 120 | |
| 49. | Escompte payé à Jean. | | 120 |
| 51. | Négociation du billet de 10,000 fr. | | 300 |
| 53. | Escompte des 9,000 fr. | 270 | |
| 54. | Escompte du billet Bonnafoux | 200 | |
| 56. | Faillite Guillaume. | | 1,200 |
| 60. | Escompte. | | 65 |
| 73. | Escompte. | | 90 |
| 74. | Escompte. | 180 | |
| 75. | Escompte payé à Pierre. | | 150 |
| 76. | Escompte retenu à Jean. | 50 | |
| 86. | Escompte Dupuy. | 90 | |
| 87. | Assurance à Dubord. | | 400 |
| 93. | Change Robert, perte. | | 240 |
| 95. | Change Robert. | 480 | |
| 111. | Bénéfice sur la traite Robert. | 245 | 5 |
| 114. | Escompte Dupuy. | | 48 |
| 115. | Escompte Bonnafoux | 100 | |
| 118. | Commission. | 1,200 | |
| 119. | Jaure. | 4,000 | |
| 120. | Jaure. | | 40,000 |
| 121. | Loterie. | 20,000 | |
| 122. | Vol. | | 20,000 |
| 123. | Apprentis. | 500 | |
| 123. | Mallet. | | 3,000 |
| 24 mars. | Assurance Bonnafé. | 4,000 | |
| 25 mars. | Assurance Dupré. | 3,000 | |
| 26 mars. | Commission Lecouteux. | 1,200 | |
| 27 mars. | Frais. | | 5,400 |
| 27 mars. | Mallet. | | 3,000 |
| 12 avril. | Commission. | 864 | |
| | | 56,827 | 74,414 |
| | Bénéfice sur cargaison et frétage, | 71,300 | |
| | | 128,127 | |
| | Passif, | 74,414 | |
| | | 53,713 | |
| | Inventaire du Magasin, | 22,616 | |
| | Bénéfice, | 76,329 | |

J'ai pensé que, pour parvenir à trouver les causes de la différence assez grande qui existe entre mon bilan et celui de M. Desgranges, il falloit les mettre en comparaison l'une avec l'autre ; c'est ce que j'ai fait dans le Tableau ci-après.

### Bilan selon la Méthode de Jones.

| | | |
|---|---|---|
| 10 tonneaux, | | 2,000 |
| 10 tonneaux, | | 2,000 |
| 6 tonneaux, | 224,600 | 1,200 |
| 1 tonneau, | | 1,400 |
| 200 mètres de draps, | | 2,000 |
| March. du capitaine, | | 216,000 |
| | | 224,600 |
| Navire, | | 80,000 |
| Caisse, | | 59,529 |
| Porte-feuille, | | 40,000 |
| Lecouteux, | 233,729 | 19,200 |
| Andrieux, | | 27,000 |
| Guillaume, | | 1,200 |
| Dubergier, | | 7,000 |
| | | 233,729 |

Total, 458,329

#### Passif.

| | | |
|---|---|---|
| Martel, | | 24,000 |
| André, | | 10,000 |
| Dupuy, | 57,205 | 6,000 |
| Robert, | | 7,205 |
| Bonnafoux, | | 10,000 |
| Bray, | | 115,795 |
| Dupuis, | | 17,200 |
| Dupré, | | 69,300 |
| Dubord, | 382,000 | 21,500 |
| James, | | 4,000 |
| Jean, | | 3,000 |
| James, | | 50,000 |
| Marie Brisard, | | 7,500 |
| Mieldieu, | | 48,800 |
| Avaries, faillites, | | 1,200 |
| Pierre, | | 6,000 |
| Mallet, | | 500 |
| | | 382,000 |

Bénéfice, 76,329

### Bilan suivant l'Ouvrage de Desgranges.

| | | |
|---|---|---|
| 3 tonneaux, | | 3,000 |
| 200 mètres de draps, | | 2,000 |
| Café, | | 210,000 |
| Indigo, | 258,000 | 7,000 |
| Coton, | | 41,000 |
| | | 263,000 |
| Il y a erreur d'addition de | | 63,000 |
| | 326,000 | 326,000 |
| Navire, | | 80,000 |
| Caisse, | | 61,634 |
| Porté-feuille, | | 40,000 |
| Lecouteux, | 234,834 | 19,200 |
| Andrieux, | | 27,000 |
| Dubergier, | | 7,000 |
| | | 234,834 |

560,834

#### Passif.

| | | |
|---|---|---|
| Contrat Martel, | | 24,000 |
| André, | | 10,000 |
| Dupuy, | | 6,000 |
| Robert, | | 7,205 |
| Bonnafoux, | | 10,000 |
| Bray, | | 115,795 |
| Dupuis, | | 17,200 |
| Dupré, | 580,300 | 69,300 |
| Dabord, | | 21,500 |
| James, | | 4,000 |
| Jean, | | 3,000 |
| James, | | 50,000 |
| Marie Brisard, | | 7,500 |
| Mieldieu, | | 48,800 |
| Pierre, | | 6,000 |
| | | 580,300 |

180,534

## TABLEAU *des Balances des affaires Mallet,*

### De l'Ouvrage de Ed. Desgranges.

| | | |
|---|---|---:|
| *I.re* | Actif du journal, . . . . . . . . . . . . . . . . . . | 2,767,545 |
| *preuve.* | Passif, . . . . . . . . . . . . . . . . . . . . . | 2,713,832 |
| | Bénéfice, . . . . . . . . . . . . . . . . . . . . | 53,713 |
| *II.e* | Profits des petites colonnes, . . . . . . . . 128,127 | |
| *preuve.* | Perte, . . . . . . . . . . . . . . . . . . . . 74,414 | |
| | Bénéfice, . . . . . . . . . . . . . . . . 53,713 | |
| *III.e* | Débits des compt. du gr. livre, . . 2,587,011 | |
| *preuve.* | Crédits, . . . . . . . . . . . . . . 2,533,298 | |
| | Bénéfice, . . . . . . . . . . . . . . 53,713 | |
| *IV.e* | Balance des débits, . . . 435,713 | |
| *preuve.* | Balance des crédits, . . 382,000 | |
| | Bénéfice, . . . . . . . 53,713 | |
| *V.e* | Actif du bilan , 458,329 | |
| *preuve.* | Passif, . . . . 382,000 | |
| | Bénéfice, . . 76,329 | |

|  |  |  |  |  |
|---|---:|---:|---:|---:|
| Inventaire du magasin à ajouter aux 4 premières preuves , . . . . . . . . . . . . . . 22,616 | | | | |
| Inventaire du magasin, . . . . . . . . . . . 22,616 | | | | |
| Inventaire, . . . . . . . . . . . . . . . . . . . 22,616 | | | | |
| Inventaire du magasin , . . . . . . . . . . . . . . 22,616 | | | | |
| Sommes parcilles, . . . . . . . | 76,329 | 76,329 | 76,329 | 76,329 |

## SOCIÉTÉ LABORDE.

Je passe aux opérations de la société Laborde. Je suppose que Mallet a présenté son bilan, d'où il résulte que sa mise de fonds est de 76,329. Celle de Laborde est de 100,000 fr. ; la balance de l'actif et du passif de mon Journal ainsi que celle du Grand Livre m'a donné une même somme de 108,210 , et celle de l'ouvrage de E. Desgranges (page 29 ) indique celle de

Je ne pourrois présenter ici, comme je l'ai fait dans les autres opérations , les deux bilans comparés , parce que M. Desgranges a terminé cette opération différemment que je ne l'ai faite : je me suis arrêté à la vente effectuée de l'habitation et de la terre de Bellevue.

Je me contenterai de présenter le tableau des balances actives et passives que j'ai trouvé au Grand Livre et au Journal.

**TABLEAU** *des Balances actives et passives de la Société Laborde.*

| ACTIF. | | PASSIF. | |
|---|---|---|---|
| Magasin, | 206,600 | Payeur de lettres et bill., | 11,000 |
| Caisse, | 405,114 | Broy, | 115,795 |
| Porte-feuille, | 21,000 | Dubord, | 21,500 |
| Dubergier, | 7,000 | Dupré, | 69,300 |
| Lecouteux, | 9,200 | Dupuy, | 17,200 |
| Mallet, | 1,469 | James, | 4,000 |
| | 650,383 | James, | 40,000 |
| | 542,174 | Jean, | 3,000 |
| | 108,209 | Laborde, | 100,000 |
| Perte par les fractions, | 1 | Mieldieu, | 48,800 |
| | | Marie Brisard, | 7,500 |
| Bénéfice, | 108,210 | Pierre, | 6,000 |
| Moitié du bénéfice, | 54,105 | Robertson, | 21,750 |
| | | Mallet, | 76,529 |
| | | | 542,174 |

**TABLEAU** *des cinq Balances de la Société Laborde.*

| | | |
|---|---|---|
| Actif du journal, | | 2,568,118 |
| Crédit de l'habitation, | 103,690 | 103,690 |
| | | 2,671,808 |
| Passif, | 2,511,878 | |
| Débit de l'habitation, | 51,720 | |
| | 2,563,598 | 2,563,598 |
| | Bénéfice, | 108,210 |
| Profit des petites colonnes, | | 75,269 |
| Crédit de l'habitation, | | 103,690 |
| | | 178,959 |
| Perte, | 19,029 | |
| Débit de l'habitation, | 51,720 | |
| | 70,749 | 70,749 |
| | Bénéfice, | 108,210 |

Débit du grand livre ,                                        2,568,117
Crédit de l'habitation ,                        103,690
                                                              —————
                                                              2,671,807

Crédits ,                            2,511,878
Débit de l'habitation ,                 51,720
                                     —————
                                     2,563,598            2,563,598
                                                              —————
                                                              108,209

                    Somme perdue par les fractions ,                 1
                                             Bénéfice ,            —————
                                                              108,210

Actif des balances des comptes du grand livre ,   654,633
Crédit de l'habitation ,                          103,690
                                                  —————
                                                  758,323

Passif ,                             598,394
Débit de l'habitation ,                 51,720
                                     —————
                                     650,114      650,114
                                                  —————
                                                  108,209
                    Somme perdue par les fractions ,              1
                                                  —————
                                                  108,210

Actif du bilan de sortie , non compris les faillites et avaries ,   650,383
                                             Passif ,               542,174
                                                              —————
                                                              108,209
                    Somme perdue par les fractions ,                 1
                                             Bénéfice ,        —————
                                                              108,210
                    Moitié du bénéfice ,         ½            54,105

———————————————————————————————————————

Les principaux points dont je diffère d'avec M. Desgranges, d'après les comparaisons que j'ai faites des comptes, sont :

1.º La balance générale, page 198, sommée à    180,534 (*)
        Et je n'ai trouvé que la somme de. . . . . . . . . . .    76,329

2.º Le magasin, page 201 de l'ouvrage évalué   326,000
        Et je n'ai trouvé que. . . . . . . . . . . .    224,600

3.º Le bénéfice des opérations de frétage et cargaison, page 196, qu'il porte à . . . . . . .    111,200
        Et je n'ai trouvé que 71,300 pour les deux. . . . . . .    71,300

(*) La différence qui semble énorme, entre les deux bilans disparoît en grande partie si on rétablit les causes qui tiennent à des faits, savoir : la plus-value des marchandises du capitaine, la valeur des tonneaux retrouvés en magasin, et l'erreur d'addition à l'actif du bilan, on ne trouve plus que 78,930.

4. Un crédit de Mallet, n.° 123, pag. 53, que je porte
   pour. . . . . . . . . . . . . . : . .           500
5. La caisse, page 198. . . : . . . . . : . . . . . 61,654
   Et je n'ai trouvé que. . . . . : . . . . . :       59,329
6. Il y a 100 myriagrammes de savon de vendu plus
   qu'il n'en est entré, pourquoi j'ai porté un bénéfice résultant du n.° 40, page 19, de . . . :    300
7. Il y a à la main courante, pag. 40, n.° 98, l'emploi de ⎱ 2,400
                                              et de ⎰ 1,600
   Tandis que, page 182, ces deux articles sont portés pour 2,500 fr. 1,500 fr.
8. J'ai débité Mallet, page 148, de. . . . . : :       1,969
   Tandis que ce sont les dépenses générales qui
   en sont débitées dans l'ouvr. de Desgranges.
9. Je trouve pour la moitié du bénéfice de la société
   Laborde. . . . . . . . . . . . . .                 54,105
   Elle est portée, pag. 219, pour 52,120; ce qui fait
   une différ. de 3,970 sur la masse du bén. social. 52,120
10. J'ai débité le compte d'armement de 4,900 pour
    frais de désarmement. . . . . . . . .         ⎱ 4,900
    Et de 10,000 fr. pour user du navire, et ces dé-
    bits ne sont point employés p. 246. . . .     ⎰ 10,000
11. J'ai débité cargaison de 25,000 de frétage au re-
    tour des marchandises du Cap, et je ne les y
    trouve pas, page 242. . . . . . . . . .           25,000
    Ces trois derniers articles composent juste la
    différence qui se trouve dans les comptes de
    cargaison et de frétage aux deux Grands
    Livres, qui est de 39,900 fr. (*)

---

(*) Pendant l'impression de cet ouvrage, ayant entendu parler avantageusement de celui publié l'année passée à Paris par M. Gérard, teneur de livres à Marseille, j'ai fait le dépouillement de la première partie ; je pense être assez sûr de son exactitude pour en annoncer ici le résultat, très-peu différent du mien.

Le bénéfice de la I.re série de ses opérations simulées est, suivant lui, de 54,425 fr.

Et je n'ai trouvé que . . . . . . . 54,375

Différence . . . . . . 50

Je n'entends nullement préjuger que mon résultat soit plus exact que le sien, et dans

N

J'ai opéré de même sur les comptes simulés de Jones. Voici la coupure que j'ai faite pour le premier mois, pour démontrer qu'on peut avoir sa situation à telle époque que l'on désire, et qu'un des capitalistes recevant les notes de la main courante, peut dire à son teneur de livres : faites le bilan, peu m'importe que vous trouviez vos sommes pareilles dans les balances du grand livre. Si vous ne trouvez pas dans le résultat un bénéfice de 1,502 fr. vous avez fait erreur ; comparons nos bilans, voici le mien en supposant l'inventaire du magasin au prix de facture de 75,702. (Si dans l'inventaire que l'on en fera, il y a 200 fr. en plus, votre bénéfice doit être 1,532; s'il y a 200 fr. en moins, le

---

le doute je serois plutôt porté à croire que c'est moi qui ai pu errer en quelques points. Cette différence peut aussi tenir moins à une erreur de part ou d'autre, qu'à une interprétation différente de quelques articles du cahier de notes. Il renvoie aux neuf registres auxiliaires des explications dont on a besoin pour poser chaque article au journal, ce qui rend le travail de la vérification plus difficile pour celui qui n'est pas pénétré du premier abord de l'ensemble et de la marche de chaque opération, comme doit l'être l'auteur qui en dresse le plan.

Cet ouvrage est d'ailleurs fort instructif par les détails qu'il contient. Je ne le regarde pas comme purement élémentaire, il est le résultat des observations d'un teneur de livres consommé dans la pratique des grandes affaires; aussi l'application de la Méthode de Jones m'a-t-elle présenté plus de difficultés que dans l'examen des autres ouvrages, sur-tout pour les opérations de banque et de change.

La différence en moins de 50 fr. ne vaudroit pas la peine que l'on s'en occupât; néanmoins, si l'on désiroit une coïncidence parfaite, telle que je l'ai obtenue dans les ouvrages de Garnier, de Delorme et de Jones, je croirois pouvoir indiquer une des causes de cette différence dans le bénéfice de l'armement qu'il fixe à 13,524 fr. pour les 8 vingtièmes de la maison Vinal et Ceton, tandis que je n'ai trouvé que 15,478. La différence en moins de 46 fr. réduiroit à 4 fr. celle existante entre nos deux balances.

Au surplus, quelle que soit la cause de la différence, on ne peut disconvenir que, dût-on par un examen contradictoire de la balance de chaque compte retrouver et indiquer les objets que j'aurois omis de porter à l'actif ou ceux que j'aurois portés en trop au passif, cette Méthode n'eût rempli le but de son utilité tel que je l'ai annoncé, celui de vérifier toute opération sur l'exactitude de laquelle on auroit du doute, et de retrouver les points où elle pourroit pécher.

Dans la rédaction de mon Journal, je n'ai pas dévié de la maxime fondamentale de Jones ; tous les débits composent l'actif et tous les crédits composent le passif, et j'y ai fait entrer tous les comptes généraux sans exception : c'étoit le but que je m'étois proposé dans ce travail ; je crois avoir acquis la preuve que je l'ai rempli.

bénéfice que vous devez trouver sera de 1,102 ). Mon journal seul me l'indique, sans que j'aie besoin de recourir à la confection du grand livre, que je n'ai fait que pour chercher dans nos bilans quelle pouvoit être la cause de notre différence s'il s'en trouvoit dans le bénéfice.

| | |
|---|---:|
| Colonne de l'actif du journal. . . . . . . . | 196,092 |
| Colonne du passif. . . . . . . . . . | 194,790 |
| **Bénéfice.** . . . . . | 1,302 |
| Colonne des profits. . . . . . . 1,794 | |
| Colonne des pertes et des dépenses. . 492 | |
| **Bénéfice.** . . . . . 1,302 | |

*Rélévé des Comptes du Grand Livre.*

| | Débits. | Crédits. | Balances. En Débits. | En Crédits. |
|---|---:|---:|---:|---:|
| Caisse. | 74,400 | 18,492 | 55,908 | |
| Magasin. | 85,800 | 10,098 | 75,702 | |
| Payeur des lett. et bill. | | 24,000 | | 2,400 |
| Porte-feuille. | 0 | 0 | | |
| Antonio | 24,000 | 24,000 | | |
| Thomas. | 660 | | 660 | |
| David. | 324 | | 324 | |
| Bernard. | 828 | | 828 | |
| Ambroise. | 1,200 | 1,200 | | |
| Berlin. | 1,836 | 1,200 | 636 | |
| Samuël. | 642 | | 642 | |
| Georges. | 1,575 | | 1,575 | |
| Baptiste. | 1,296 | | 1,296 | |
| Lejeune. | 648 | | 648 | |
| Claude. | 963 | | 963 | |
| Jacques | 648 | | 648 | |
| Armand | 1,272 | | 1,272 | |
| Jean. | | 16,800 | | 16,800 |
| Henry. | | 18,000 | | 18,000 |
| Simon. | | 9,000 | | 9,000 |
| Hardy. | | 36,000 | | 36,000 |
| Lesage. | | 36,000 | | 36,000 |
| | 196,092 | 194,790 | 141,102 | 139,800 |
| | 194,790 | | 139,800 | |
| **Bénéfice.** | 1,302 | | 1,302 | |

(The "Comptes génér." brace groups the accounts Caisse, Magasin, Payeur des lett. et bill., Porte-feuille, Antonio, Thomas.)

Je trouve donc dans mon grand livre l'état de la caisse, du porte-feuille et des engagemens formés, et celui du magasin, que je puis vérifier avec le caissier, le teneur du porte-feuille, du carnet d'échéance et le garde-magasin.

Le même capitaliste peut vérifier le magasin en raison de ce qui doit s'y trouver, et non pas seulement en raison de ce qui s'y trouve, afin de s'assurer que le déficit ne vient pas d'omission de marchandises non inventoriées, ou détournées. Il confectionnera avec la main courante un état de magasin, dont le modèle est ci-après, dans lequel il désignera qu'il doit y avoir

En magasin . . . . {
   38 pièces de vin à 1,050 . . . . . 39,900
   495 pièces d'indienne à 33 fr. 60 c. 16,652
   710 mètres de draps à 18 fr. . . . 12,780
   710 mètres de casimir à 9 fr. . . . 6,390

Somme pareille au bilan ou balance en débit de son grand livre, 75,702 fr. . . . . . . . . . . . . ci. 75,702

Dans ce même registre le débit des acheteurs étant de 11,892 fr. il lui suffit d'en distraire le crédit du magasin au grand livre de 10,098 fr. plus les frais généraux, 492, qui doivent se répartir sur la totalité des marchandises pour retrouver le même bénéfice, 1,302 fr.

---

*REGISTRE du Magasin (en vendémiaire), comptes simulés de Jones.*

| Entrée. | | Sortie. | |
|---|---|---|---|
| **VINS.** | | 1 p. vendue à David. . . | 1,200 |
| 40 pièces à 600 fr. . . . | 24,000 | 1 p. . . . . . . . . . . . . . . | 1,200 |
| voitures 450 fr. . . . | 18,000 | 2 | 2,400 |
| 2 vendues 1,050 | 42,000 | | |
| 58 doit rest. | | | |
| **INDIENNES.** | | | |
| 500 pièces, 33,60.ᶜ . . . | 16,800 | 5 pièces vendues à B. à 36 | 180 |
| 5 vendues | | | |
| 495 doit rest. | | | |

### DRAPS.

| | | | |
|---|---|---|---|
| 1,000 | 18 | 18,000 | 20 mètres vendus à M. à 21 fr. 420 f. |
| 290 vendus | | | 10 . . . . . . . . . . . . . . . . 210 |
| 710 doit rest. | | | 20 . . . . . . . . . . . . . . . . 420 |
| | | | 20 . . . . . . . . . . . . . . . . 414 |
| | | | 20 . . . . . . . . . . . . . . . . 420 |
| | | | 50 . . . . . . . . . . . . . . . . 1,035 |
| | | | 40 . . . . . . . . . . . . . . . . 840 |
| | | | 20 . . . . . . . . . . . . . . . . 420 |
| | | | 30 . . . . . . . . . . . . . . . . 630 |
| | | | 20 . . . . . . . . . . . . . . . . 420 |
| | | | 40 . . . . . . . . . . . . . . . . 828 |
| | | | 290        6,057 |

### CASIMIRS.

| | |
|---|---|
| 1,000 mètres achetés à 9 fr. 9,000 | 240 mèt. vend. à 12 fr. à S. 2,673 |
| 290 mètres vendus. | 20 mètres. . . . . . . . . . . 240 |
| 710 doit rest. | 10 mètres. . . . . . . . . . . 114 |
| | 20 mètres vendus. . . . . . . 228 |
| | 290        3,255 |

### Relevé du Registre.

```
Vins vendus. . . . . . . . . . . . . . . . . . . . . . . . . . 2400
Indiennes. . . . . . . . . . . . . . . . . . . . . . . . . . . 180
Draps. . . . . . . . . . . . . . . . . . . . . . . . . . . . . 6,057
Casimirs. . . . . . . . . . . . . . . . . . . . . . . . . . . . 3,255
            Total du débit des acheteurs. . . . . . . . . . . 11,892
Crédits du magasin au grand livre,
    ou sortie des marchandises au prix
    de facture d'achats. . . . . . . 10,098
Frais. . . . . . . . . . . . . . . . . 492
Total du prix revenant des marchand. 10,590  ci . . . . . . 10,590
                          Bénéfice. . . . . . 1,302
```

Si on eût opéré suivant le mode préféré par Jones, de porter le crédit du magasin sur le pied des factures de vente, on auroit eu pour terminer les comptes, le calcul ci-après.

Balances des comptes en débit. . . . . . . . . . . 120,590
Inventaire du magasin, . . . . . . . . . . . . 75,702

   Total. . . . . . . . . . . . . 196,092
Balance des crédits. . . . . . . . . . . . . . 194,790

   Bénéfice. . . . . . . . . . . . . . 1,302

Le bénéfice que je trouve est le même que celui de M. Jones, en y ajoutant la plus value qu'il a mis aux 38 pièces de vin du magasin.

Actif, suivant l'état du magasin. . . . . . . 186,222
Passif. . . . . . . . . . . . . . . . 184,692

   Bénéfice. . . . . . . . . 1,530

Débits de vendémiaire au journal de Jones. 110,392
Estimation du magasin au prix de facture. 75,702

   Total. . . . . . . 185,994
Débits du journal de Jones. . . . . . 184,692

   Bénéfice. . . . . 1,302
Plus value de 6 fr. par pièce de vin. . . 228

   Somme pareille. . . 1,530

Je ne pense pas m'être trompé du tout au tout dans les différences que j'ai trouvées entre mes opérations et celles de Ed. Desgranges ; si cela étoit, il seroit très-curieux, ne fût-ce que pour le progrès de la science de la tenue des livres, de pouvoir expliquer qu'une même méthode avec laquelle on s'est parfaitement rencontré dans trois opérations simulées, se fût trouvée en défaut sur trois autres, avec des différences assez multipliées, quoiqu'on ait obtenu les mêmes preuves par quatre sommes pareilles, résultantes d'additions sur le journal et sur le grand livre. S'il venoit à l'idée de quelqu'un de vérifier ce travail, il m'obligera beaucoup de me faire part des résultats, s'ils sont différens des miens, et s'il les croit plus exacts.

Le chemin de la vérité et du mieux est celui que je cherche. Je m'aiderai volontiers de l'expérience de ceux qui ont plus d'acquit que moi dans cette partie, qui seroient disposés à sacrifier quelques instans à ces recherches. Ce n'est point ici mon ouvrage que je vante, mais c'est celui de Jones; mon opinion est que sa méthode mérite la préférence sur l'ancienne, et j'invite ceux qui seront du même avis de lui rendre la justice qui lui est due.

Si au contraire une partie des observations que j'ai faites sont fondées et reconnues justes, on ne pourra disconvenir que cette méthode de Jones *a le précieux avantage de pouvoir servir à vérifier les opérations de commerce dans lesquelles une des parties croiroit avoir été lésée.*

Tels seroient les opérations de commerce, dont il est parlé dans la traduction de la Méthode de Jones, pages 14, 15, 16, et dans l'ouvrage de Monsieur Delorme, pages, 3, 4, 5 et 11. Savoir :

Le premier, page 14, où il s'exprime ainsi. « Elevé pour cette partie
» de la tenue des livres, j'eus l'avantage de passer plusieurs années dans
» le comptoir d'un négociant des plus intelligens ; nombre de livres de
» comptes me passèrent sous les yeux ; je voyois fréquemment des liqui-
» dations disputées, des procès, des révisions judiciaires, et enfin des
» banqueroutes occasionnées par des livres mal tenus, et le défaut de
» règle certaine pour corriger les erreurs ; soit que la méthode adoptée
» fût en parties simples ou en parties doubles. Mais entre autres j'eus
» occasion de voir des livres qui avoient servi dans le même négoce
» à quatre sociétés successivement, sans jamais avoir été balancés, ni
» les comptes de chaque société arrêtés ! Dans le fait, les associés n'y
» entendoient rien, et l'homme dans lequel ils placèrent leur confiance
» les trompoit. La conséquence fut, que la quatrième société dissoute,
» et les livres balancés, la maison, sans s'en douter, se trouva insol-
» vable. Depuis ce moment, je me déterminai à chercher un moyen
» d'éviter de pareils accidens, et certain qu'il devoit en exister un,
» je pris la résolution de ne point abandonner la tâche que je m'étois
» imposée, sans pouvoir offrir aux commerçans une méthode sûre et
» facile de connoître leur situation avec leurs correspondans.

Page 15. « Car quoique le grand nombre d'années qui s'est écoulé
» depuis que les anciennes formes de livres de comptes sont en usage
» soit nécessairement une forte prévention en leur faveur, cependant
» comme il est démontré que des erreurs sans nombre peuvent se glis-
» ser sans être aperçues dans les livres les mieux tenus par ces métho-

» des , et que l'espoir de les découvrir demande toujours un travail
» fort long , suivi d'un succès toujours incertain , je ne doute pas que
» le préjugé ne cède à la raison , et que ma méthode, quoique nouvelle,
» ne soit universellement adoptée , si je prouve en les comparant qu'elle
» est préférable à celles qui l'ont précédée.

Page 15. « La méthode en parties doubles , étant plus compliquée et
» plus obscure , se prête d'autant mieux à la fraude, et plus que l'autre ,
» peut servir de passe-port à des comptes impudemment faux et fabri-
» qués par une industrieuse mauvaise foi. Un homme peut tromper son
» associé , ou un teneur de livres celui qui l'emploie, sans que jamais on
» puisse les convaincre de fraude ; autrement d'où proviendroient ces
» changemens de fortune , si opposés dans des associés de la même mai-
» son? L'homme riche devient pauvre et le pauvre devient riche! Des
» co-associés paroissent insolvables ; un d'eux , dont la fortune avoit
» supporté la maison , est presque réduit à l'indigence , tandis que l'au-
» tre qui originairement n'avoit rien, et étant insolvable ne devroit pas
» avoir davantage , fait une pompeuse figure dans le monde , recom-
» mence de suite les affaires , et trouve un capital suffisant pour faire
» un commerce étendu.

Page 16. « Un associé ou le commis préposé peut avoir diminué le
» débit , ou augmenté le crédit de son propre compte , ou de tout autre ;
» dans le grand livre même avoir altéré quelque compte nominal , afin
» de faire paroître les livres corrects ou afin de contre-passer des erreurs
» commises en rapportant.

« Par cette méthode de tenir les livres , il est toujours au pouvoir
» d'hommes adroits de faire qu'un commerce profitable paroisse rui-
» neux , afin d'engager leurs associés à se retirer , ou de montrer l'ap-
» parence de bénéfice , lorsqu'il n'y a que des pertes , s'ils veulent
» amener quelqu'un à prendre leur place , ou enfin dans quelque vue
» sinistre , ils peuvent tromper leurs associés par de faux états de situa-
» tion, jusqu'à ce qu'ils les aient complètement ruinés ! Dans le cours de
» mes travaux, j'ai vu des livres de diverses sociétés , dans lesquels cette
» marche avoit été suivie. Il arrive fréquemment que des livres tenus
» en parties doubles ne balancent pas, et plusieurs mois, chaque année,
» sont employés dans quelques comptoirs à en decouvrir la cause. J'en
» ai vu qu'on avoit examinés sept ou huit fois avant de pouvoir les faire
balancer ;

» balancer ; d'autres qui servoient depuis vingt ans et n'avoient jamais
» été balancés, quoiqu'on eût apporté la plus grande attention à les
» faire corrects.

« La méthode en parties doubles est généralement si compliquée , que
» plusieurs de ceux qui tiennent des livres sont souvent arrêtés au mi-
» lieu de leur travail, sans pouvoir rendre raison de ce qu'ils ont fait ,
» ni de ce qui leur reste à faire : et il arrive fréquemment que des gens
» font un commerce très-étendu, sans connoître leur situation par leurs
» livres , n'ayant jamais su comment les tenir. A qui peut-on attribuer
» cela , si ce n'est à la complication des anciennes méthodes, qui les rend
» si difficiles à entendre et à pratiquer ».

Et le second, page 3. « La méthode de Jones offre beaucoup de
» moyens que les parties doubles ne donnent pas. Chaque négociant
» connoîtra la manière de tenir le journal , et pourra vérifier, en cinq
» minutes ou un quart-d'heure, les opérations d'un jour ou d'une semaine.
» Il pourra exiger une explication rigoureuse de la moindre nature. Le
» teneur de livres ne pourra plus lui répondre : *Cet article que vous*
» *n'entendez pas se passe ainsi.* Il ne le quittera plus , payé de mots
» et frustré de la lumière qu'il cherchoit. Enfin , sans la réclamer , il
» pourra prendre la raison de tout , parce qu'il n'aura qu'à le vouloir.
» N'est-il pas bien douloureux pour lui, lorsqu'il ne connoît pas les
» parties doubles , d'être forcé d'employer la ressource qu'indique
» M. Mande , qui est d'avoir recours à quelqu'un capable de faire la
» vérification qu'il désire.

Page 4. « Nous connoissons plusieurs maisons dans de grandes villes,
» qui, malgré le bon ordre qu'elles vouloient apporter dans leurs affaires,
» se sont trompées plusieurs fois dans le choix de leur teneur de livres ,
» et qui contraintes de former des livres nouveaux , ne peuvent venir
» à bout de leur balance ; cependant , pour y parvenir , plusieurs profes-
» seurs avoient été appelés , et n'avoient pu réussir.

« On nous a voulu donner la somme qu'il nous plairoit de demander ;
» pour débrouiller les écritures de trois maisons associées. Après quel-
» ques jours de recherches sur le plan qu'il nous falloit suivre , nous
» répondîmes que ce seroit tromper la confiance qu'on nous accordoit
» que d'oser promettre un résultat avant six ans.

« Nous avons vu une autre maison , qui d'impatience jetta ses livres

O

» au feu, après avoir demandé les comptes courans de ses corespon-
» dans. Ces malheurs, et une infinité d'autres que nous ne citerons pas,
» seroient-ils arrivés, si la Nouvelle Méthode avoit été connue et prati-
» quée? Il faudroit trahir sa conscience si l'on répondoit affirmativement. »

Toutes ces considérations prises dans la lecture de ces ouvrages m'ont fait vivement désirer de connoître cette Méthode de Jones, et d'en pouvoir juger. L'étude en est bien simple et devient un plaisir par la satisfaction que l'on éprouve de se faire une marche de travail aussi facile à saisir qu'à expliquer : les mêmes motifs doivent engager les négocians et sur-tout les jeunes gens, qui se font un objet d'étude de la Tenue des Livres, de s'attacher aussi à la connoître, pour se la rendre aussi familière que toute autre qui pourroit leur être enseignée.

On a beaucoup critiqué cette Méthode, et on n'a pu s'empêcher d'y puiser des documens pour corriger l'ancienne et lui faire assortir ses mêmes avantages ; mais c'est en vain, ces deux Méthodes seront toujours distinctes, et je mets en fait que celle de Jones pourra bien plus souvent servir à relever les erreurs de l'ancienne, et que bien rarement il y aura lieu de s'en servir pour corriger les erreurs qui pourroient s'être glissées dans la nouvelle. Je suis convaincu qu'il ne faudra pas six ans, ainsi que l'annonce Monsieur Delorme, sur-tout aux personnes qui auront embrassé cette profession, et se seront livrées à l'étude et à la pratique des deux Méthodes, pour débrouiller par celle de Jones les écritures des maisons de commerce où un des associés se croiroit fortement lésé, pourvu qu'il existe une main courante ou brouillard qui décrive exactement le texte des opérations de commerce exécutées et sur lesquelles on soit d'accord ; ce n'est que sur un tel registre que l'on pourroit refaire un journal, pour redresser celui dont on croiroit avoir droit de se plaindre. Cette révision de compte sera facile à effectuer, sur-tout quand il ne s'agira que d'opérations particulières à vérifier. On pourra en extraire tous les articles sur la main courante, et en composer isolément un journal, un grand livre et une balance des débits et crédits que l'on confrontera avec celles des comptes du grand livre proposé à la révision.

Débiter celui qui doit créditer, celui à qui il est dû, ce sont là les deux points, auxquels Jones a réduit toute la science de la tenue des livres ; et au fait, il n'y a pas d'opération de commerce dont on ne puisse faire entendre la position au journal avec cette seule phrase. J'ai pour exemple toutes celles que j'ai prises dans les ouvrages ci-devant cités pour former la partie double, et il n'y en a aucune que je n'aie rangé à l'actif ou au passif. Et dans le nombre il s'en est trouvé de très-compliquées, telles que les opérations des cargaisons et frétage de l'ouvrage de Desgranges ; je les ai fait comprendre à toutes personnes, mêmes à celles qui n'avoient jamais eu l'idée d'une tenue des livres, notamment des jeunes personnes du sexe que la nature rend en général peu propres aux réflexions abstraites du calcul : ce qui m'a prouvé le mieux la clarté de cette Méthode, c'est la réponse que la plupart me faisoient en me disant qu'elles entendoient très-bien la position de toutes les parties, mais qu'elles pourroient difficilement les replacer elles-mêmes en même ordre qu'elles les avoient comprises.

D'après ces épreuves, je crois qu'un teneur de livres, se servant de la Méthode de Jones, seroit mal fondé à dire à son capitaliste : *Cet article que vous n'entendez pas, se passe ainsi.* Car il n'y a pas d'article si difficile qu'il soit, qu'on ne puisse faire entendre en une demi - heure à tel négociant que ce soit , sur - tout dans les affaires qui l'intéressent.

Depuis la Méthode de Jones on a été frappé de la remarque qu'il faisoit, que dans la méthode adoptée des parties doubles, le grand livre se servoit de preuve à lui-même, et que l'harmonie trouvée entre ses parties ne prouvoit pas qu'il fût la copie fidèle du Journal. Tous les auteurs se sont empressés de faire disparoître ce défaut ; ils ont fait des tableaux, des débits et crédits du journal qui ont servi de preuves au grand livre, dans lequel on doit retrouver en somme pareille le montant de ces mêmes débits et crédits ; en quoi les méthodes de la tenue des livres ont été singulièrement perfectionnées, mais cette parité de somme n'équivaut pas à celle de Jones. Il demande parité dans les différences du débit au crédit, ce qui n'est pas aussi aisé à faire rapporter, et qui devient une preuve beaucoup plus rigoureuse, mais que l'on ne peut cependant pas garantir d'aucune faute, ce qui lui a donné l'idée de proposer les lettres initiales en tête de chaque compte. Chacun peut concevoir à cette occasion des moyens mécaniques analogues pour remplir ce but : le mien n'est point de proposer une méthode, je me réserve de publier celle que je me suis faite, si l'opinion publique se prononce sur l'utilité dont elle pourroit être.

Ce n'est point ici comme critique que j'ai relevé des erreurs des comptes des auteurs précités ; cela n'ôte rien au mérite de leur ouvrage, auxquels je renvoie pour l'instruction pratique qui y est savamment développée.

J'admets que de pareilles erreurs pourroient être commises par un teneur de livres en parties doubles de la Méthode de Jones, et qu'elles pourroient se compenser dans les comptes. Ma conclusion est qu'il est bon qu'il y ait une méthode qui serve de preuve à l'autre ; s'il y a des différences, on reconnoîtra les plus saillantes et les plus faciles à saisir, on transigera sur les moins importantes qui se perdent dans la multiplicité des comptes et des registres ; au moins on ne verra plus des livres non balancés se passer d'une société à l'autre, et dans lesquels on renonce à trouver des balances justes, enfin des capitalistes jeter leurs livres au feu de dépit de ne les pas voir balancés, et préférer s'en rapporter aux comptes de leurs correspondans.


F I N.

# TABLE.



(*) On nomme aussi ce registre, *Cahier de notes* ou *Brouillard ;* il est le seul livre que l'on devroit appeler Journal , parce qu'il s'écrit jour par jour ; mais il faut lui conserver ce nom qui lui est consacré par la loi.

(*) Par exemple, la partie inventoriable en ustensiles de fonte est de 1,200 fr., tant au journal, pag. 5o, au grand livre, pag. 61, qu'à un des bilans du compte en nature, pag. 63.

## RENVOIS.



FIN DE LA TABLE.